江南明清朱金家具

田青

Cinnabar and Gold Paint Furniture
of the Ming and Qing Dynasties in
Southern Area of the Yangtze River

江南明清朱金家具珍赏录

何晓道 著

浙江人民美术出版社

何晓道，又名何小道。爱好收藏三十多年，创建了浙江宁海江南民间艺术馆和宁海十里红妆博物馆。先后出版了《红妆》《江南明清门椅子》《十里红妆·女儿梦》《江南明清建筑木雕》《江南内房家具绘画》《江南明清门窗格子珍赏录》《江南明清椅子珍赏录》《野草花开》等著作，其中《江南明清建筑木雕》获得了国家"山花奖"。何晓道 2012 年获得"中华文化人物"年度奖；2015 年被中国美术学院聘为研究员。

序

　　十几年前我看到了《江南明清门窗格子》，这本书从创意、编著、实例选取到版式设计都展示了严谨的风格和认真朴素的精神，作者何晓道这个名字，给我留下了深刻的印象。后来又陆续看到了他编著的涉及家具、诗词、散文的著作，深深感到这是一位非常有才气的人。后来跟晓道兄接触才知道，20 年前在宁波天一阁参加座谈会时，我就见到过晓道兄。他提问，要我讲讲江南地区的朱金家具，我回答："各流派的家具有各自的地方特色，当地的家具爱好和收藏研究者更有经验，我真的不熟悉。"晓道兄说，是我鼓励了他做朱金家具研究，希望我来写这本书的序，这是他着手写这本书时便有的想法。我备感荣幸。

　　在这本书中，晓道兄对这一流派家具器物的历史，木作、雕作和漆作工艺流程，器物审美以及十里红妆婚俗，传统女性生活等与朱金家具相关的文化现象作了全面和系统的解读。

　　朱金家具用朱砂和金箔装饰，在古代家具中比较少见。朱金家具的色彩与浙东十里红妆结婚习俗有直接的关系：结婚追求喜庆、温馨和吉祥，而江南地区固有的木作历史和木雕工艺为这一地区的床、橱、桌、椅、桶、盘、箱、盆实现丰富而精巧的效果奠定了基础。朱金家具的木料虽然不名贵，但榫卯结构相当严谨，有合理的力学结构，特别是在装饰上以朱砂髹漆，木雕和绘画上贴金着彩，使其成为华丽的朱金家具。

　　晓道兄的这本书让我们看到，朱金家具复杂的工艺以及需要为之投入的物力与财力，只有富饶的江南在繁华年代才有能力制作出这类奢华的家具。

　　看过这本书的读者一定能体会到：作者是花了大力气，下了真功夫。晓道兄为研究收藏实物，竟建了一个以朱金家具为主要藏品的十里红妆博物馆。我想就他这种研究态度谈一个想法。

　　对于文物的研究，应该从实物收藏、工艺技法以及文献研究三方面入手。最关键的是对实物的研究，这是基础。从业者被人们称为"实战派"或"学院派"，各有长处，但是想对一个特定历史时期的文物作出最深刻透彻的阐述，自己能有实物收藏是最好的，认真看过这本书的读者必然会认同这个观点。

　　晓道兄多年来兢兢业业地耕耘，荣获 2012 年"中华文化人物"荣誉称号，实至名归。这部专著的出版无疑又让他的研究水平达到一个新高度，在此特别向他表示祝贺。

田家青于北京

2024 年 4 月 25 日

目 录

概

论

一、朱金家具概述

1. 明代以前的家具

7000年前，河姆渡文化中有了干栏式榫卯建筑，木结构文明的曙光初现；汉代木胎漆器的出土，使人们发现汉代木结构家具的制作水平已经相当高超；唐代佛光寺木结构建筑则体现了木材在中华文明中所创造的辉煌成就。木制家具中，我们能够看到的实物资料比它实际存在的历史要短得多。尽管目前有一些宋代随葬家具明器的出土和发现，但它们仍不足以反映宋代家具的实际情况，只能看到宋时家具的基本式样，至今没有充足的证据可以证明元代以前有系统的木制实用家具。对明代以前家具的了解，只能从汉代的画像砖、画像石、墓道壁画，北魏的石刻，敦煌壁画和唐、宋、元时期有限的绘画中寻找研究素材，或是从经过艺术创作的历史画面中追寻家具的演变过程。

汉代是我国文明史上一段重要的时期，丰厚的物质基础促进了手工艺术的繁荣，精美的木胎漆器让后人赞叹。汉代保留下来很多画像砖和画像石，这些反映现实生活的艺术作品为研究汉代家具提供了许多原始资料。从这些无字的史料中我们看到，席是西汉时期的主要坐具，不管是宴饮的士大夫、讲学的尊者，还是市井小民、书生和乐工，都是在地上铺一块席子，席地而坐。这是汉代人最基本的坐的方式，以至今天的"席"字仍旧是座位的代名词，如席位、出席等。高于地面如同床榻的坐具的产生经历了漫长的时间，然而这种坐的方式的改变是划时代的，是人们生活习俗、思想观念的一个变化，也是家具发展史上的一次飞跃。汉代在有了床榻的同时，也出现了放在床榻后面的一块简单的屏风或双折围屏。从保存丰富的汉代画像砖和画像石中可看出，汉代的基本起居方式仍旧是席地而坐、席地跪坐，大多数人仍习惯以跪坐方式交谈、饮酒、书写和劳作，而贵族则开始使用低矮的坐榻。汉代出土的漆木家具残件中燕尾榫、单插榫、夹角榫、

明式朱漆寿纹扶手椅

平压榫以及销钉等榫卯结构基本完备。在装饰手法上，髹漆技艺相当高超，漆绘水平甚至后人都少有超越。铜构件、铜饰件品类繁多，贴金、镶嵌等技艺也已经成熟。

魏、晋、南北朝时期，表现贤人烈女、佛教故事的绘画作品在一些家具中出现，这些绘画使家具变得丰富且精美，装饰趋向华贵。出现了有券口、带托泥的床榻。床榻的高度也开始上升，高脚的正方或长方四角出现四根立柱，使床榻基本具备了明清时期常见的床的要素。采桑、煮饭的普通平民依然席地跪坐，追求时尚和想体现身份的达官贵人逐渐开始席"榻"而坐，坐具有了明显的社会等级的区分。

唐代政治稳定、经济繁荣，是崇尚华丽高贵风格的时期，人们开始垂足而坐。这时出现了类似凳子的四足坐具，四足间壶门形的券口曲线优美。同时出现了带靠背和扶手的完整意义上的椅子，高度足够垂足，与后来的椅子差不多。而床榻作为身份地位的象征，仍为大众所使用。

唐代是垂足而坐发展的里程碑时期。家具的造型设计也和唐代其他艺术门类一样，追求风韵饱满，线条优美圆润，显得壮实厚重，装饰上追求华丽富贵，显示了大唐盛世灿烂的色彩。

唐代流行带壶门的箱式结构的床榻和坐具。凳子大多为月牙形结构，大橱仍有方腿的特征，矮橱上、橱腿上雕刻兽面，桌子多见长方形、正方形和壶门台式形。在家具布置的场景中，大面积的屏风下往往会摆一张大桌子，文人雅士围桌品茗论道，家具成为礼俗中威仪的象征。

传世绘画作品中的五代家具在结构上已经具备了后世家具的基本特征。造型由唐代的粗壮厚实转向清秀纤巧，椅子的腿、档、枨上下一般粗细，形成了新的风格。但唐代家具的风格一直影响着宋、元、明数百年间家具的造型和审美理念。在人类文明史中，许多生活方式、生活空间几百年来保持不变，那些最基本的审美情趣、最原始的思想理念世代传承，一直延续到今天。唐代和五代，家具已经广泛进入社会生活，但地位低下的奴仆还是有跪坐的习俗。从出现垂足而坐到各阶层普遍采用座椅的生活方式的改变，又经历了漫长的岁月。

宋元建筑中常见图案和雕刻手法。考证和研究宋元家具时，很难找到明确的家具实样，只能从不同于明式家具风格的宋元式样的家具中去确认。

宋代鼓励艺术家从事艺术创作，带动了手工艺术的迅速发展，在绘画中留下了许多有关家具的信息。宋代士大夫的生活中，书桌、高椅是赋诗作画时重要的家具。一些画面中表现了文士雅集，高椅上人们垂足而坐，长方桌子由主宾围坐，尊卑有序。

宋代椅子在品种上已经出现了带舒适护围的圈椅和轻巧灵活的交椅，以及稳定庄重的扶手椅。椅子式样不一，尊卑有别。从画面上看，尊者的椅子高大而华丽，侍者的椅子简单且朴素，这从侧面体现了封建社会森严的等级制度。

由于垂足而坐成为宋人生活习惯，座位高度增加，床、橱、桌、凳、架、屏自然

也会增高。从宋画中可见，此时的书橱、房桌、
盒架、高几、镜台等品类在式样上追求曲线形体，
三弯腿云纹足、兽面腿凤纹足得到普遍应用。
装饰上仍见壸门结构，但明显高于汉唐，牙角、
牙条和帐档强调结构的坚固耐用。云水纹、水
草纹、花卉纹、如意纹、织锦纹应用普遍。由
于建筑中装修小木作与家具小木作是同一匠门，
这些花纹图案在宋代建筑名著《营造法式》中
也能印证。

南宋　佚名　盥手观花图

　　元代只有不到百年的历史，却是打破两宋
思想封闭的阶段，手工艺术在这个大背景下尤为兴盛。纵观汉代画像砖到唐、宋、元绘
画作品中有关家具的描绘，我们可以大致梳理出中国古代家具的发展过程。

　　在传世家具实物中，一些早于明代的家具与明式家具有显著的不同风格，在家具框
架上可见宋元建筑中小木作装饰的特点：有精致简约的框架和结实的榫卯结构。在家具
木雕方面，《营造法式》书中描绘的起凸阳文图案浮雕或透雕，图案以花卉和飞禽走兽
为主，画面左右对称，是明式家具系统装饰图案的特征。类宋元家具我相信是存在的，
只是很难用宋考证学的严谨方法证明宋元家具的实例。

2. 朱金家具的命名

（1）明清家具研究成果
　　研究明清家具的著作，始见于 20 世纪 40 年代，一位名为古斯塔夫·艾克的德国人
出版了《中国黄花梨家具图考》。尽管从现在的视角看，图考中有一些表述上的偏差，
但艾克先生的这本著作无疑是中国古典家具研究的开山之作。

王世襄　《明式家具珍赏》书影

20世纪三四十年代，对古典家具感兴趣的知识分子仍然不多，杨耀先生和陈梦家先生是早期研究古代家具的学者。从陈梦家先生收藏过的明式家具实物来看，多数是艺术水平较高的经典代表作，陈先生极具艺术眼光，是中国古典家具研究的先驱之一。

王世襄先生无疑是中国古代家具研究的大家，他开始了家具系统性的学术研究，先后出版了《明式家具珍赏》《明式家具研究》《明式家具萃珍》等专著，不仅明确了明式家具的基本理论，也影响了当代人对古代家具研究的方向和方法。王世襄先生在基本奠定了古代家具研究的地位之后，晚年作过《未临沧海难言水》一文，为民间家具研究打开了更宽广的视野，将目光从宫廷家具转移到优秀的民间家具。

2002年，胡文彦先生和夫人于淑岩女士又出版了《中国家具文化丛书》，简要地从家具与礼、佛教、民俗、文人、绘画、诗词、百工、乐舞、建筑、社会等十个方面开题起论。正如胡先生在后记中所言，企望在研究家具发展和家具成果的基础上来论证家具延伸至社会各个领域的状况、作用、影响，以及所形成的文化内涵。

田家青先生的《清代家具》《明清家具鉴赏与研究》《明清家具集珍》等专著；马未都先生有关紫檀家具、黄花梨家具的专著和论文；张德祥先生的《明清家具收藏与研究》；王正书先生的《明清家具鉴定》；濮安国先生的《明清苏式家具》《中国红木家具》等，它们的出版，丰富了中国古典家具研究的成果，使中国家具研究成了一门基本完善的学科。

拙作《江南明清椅子珍赏录》《江南明清门窗格子珍赏录》《江南内房家具绘画》

田家青　《明清家具集珍》书影　　　　　　田家青　《明清家具鉴赏与研究》书影

以及《十里红妆女儿梦》的出版也为中国古代家具研究出了微薄之力。明清建筑门窗与明清家具同是小木作制作，古代室内装修与家具制作，同一匠门，同一套小木作工具，同样的匠心，同样的审美，无疑将明清家具的研究扩大至居住空间中的门窗格子上。而《十里红妆女儿梦》则通过嫁妆中的内房家具器物，将家具与婚俗、人文学科结合起来。《江南内房家具绘画》从家具装饰中的绘画进行专题陈述，是家具研究以面带点的尝试。

（2）朱金家具的命名源于朱砂与黄金装饰

纵观历史，中国古代家具研究的课题可以分三类：一类是按历史时代命名，如《明式家具研究》《清代家具》等；第二类是以材料命名，如《中国花梨家具图考》《红木家具》等；第三类是以地域特色命名，如《明清苏式家具》《清代广式家具》等。

朱金家具的得名，是因为家具表面装饰色料主要是朱砂和黄金，直接表现为朱色和金色这两种高贵华美的颜色。

人类身体中流动着的血液是红色的。传说中，教我们种庄稼的神农氏炎帝，他所管辖的地方叫"赤县"，中国也被叫作"赤县神州"，生活在这片土地上的人被称为"赤子"。

中国传统色谱以红色命名的有数十种，单一的字就有"赤""炎""朱""彤"等，表明红色的冷暖、质感、光泽、深浅。

朱砂，即丹砂，是硫化汞在一定温度和时间下产生的矿物晶体。浙江临安昌化产的"鸡血石"研磨而成的朱砂最佳，湖南辰州产的矿物叫"辰砂"。中医以其安神定心之效入药。画家不仅用朱砂绘画，还以朱砂做印泥盖章，颜色千年不变。

朱砂矿存量稀有，因此价格高昂，旧时有"一两黄金三两朱砂"的说法。

黄金是朱金家具装饰的又一重要材料。黄金可塑性强，可以打制成极薄的金箔，用作贴金或漆金装饰。黄金的颜色可以和红色、绿色、黑色等任意不同颜色搭配，而不失其富丽华贵之本色。红色和金色把朱金家具和器具的喜庆吉祥、热烈奔放呈现到了极致。

明 仇英 西园雅集图（局部）

明式朱金家具以古为雅、追求自然天成、推崇质朴简约、反对繁雕缛饰的基本审美观念，至清代中期已经逐步被大多数人淡忘。清式家具以绘画和雕刻为装饰，取代了严谨的榫卯结构，这在一定程度上影响了使用功能的科学性和合理性，且以雕画装饰掩盖木材自然纹理的天然淡雅之美。家具开始由简约转为繁复，朱金家具成为民间绘画的载体，以民间绘画和雕刻为主的家具装饰式样成为朱金家具的主要特征。

朱金家具以当时价格昂贵的朱砂和黄金色料髹饰器物，不仅能增强视觉效果，还能起到耐磨防蛀的效果。

（3）朱金家具的命名也源于"十里红妆"婚俗

明清以来，江南社会经济迅速发展，汉民族盛行厚嫁，以婚嫁和内房生活器具为主体，形成专门的朱金家具体系，也成就了以嫁妆为主要结婚礼俗的朱金器具。

清代后期的几十年时间里，上海从一个小镇成了著名的商埠，宁波、温州、台州、定海也成了清代重要的港口城镇。经济上的发展带来民间风俗的变化，"十里红妆"婚俗应运而生，这种奢华的嫁女之风在江南流行。"十里红妆"指江南富家大户结婚时，女方送嫁妆到男方的壮观场面。送嫁妆队伍浩浩荡荡，绵延数里，抬的抬，挑的挑，一路上喜气洋洋，民间夸张地称之为"十里红妆"。作为

清式朱金木雕梳妆台

嫁妆的红妆家具，到了夫家以后便成了内房家具，置于婚房或内房中。未出阁的女子在闺房里使用的朱金闺阁家具也是朱金家具的组成部分。

"江南女子尽封王，半副銮驾迎新娘"，"三寸金莲女儿梦，十里红妆古越风"。红妆从床、橱、桌、椅、箱、桶、盘、盒到针头线脑无所不有。从橱柜、椅凳、箱笼、盘盒的制作工艺上看，有朱金木雕，也有描金彩画。奢华的雕画是东南沿海地区嫁妆的重要装饰手段之一。新娘嫁到夫家后的生活所需在红妆中一应俱全，意思是女子虽然嫁到男方，但未来生活所需的物品都由娘家准备，无须依靠夫家，既显示娘家的家底，又

为女儿在夫家争得地位。婚嫁时，主人需要摆排场、壮声势、比奢华，而匠师也要在此时显技术、露艺风。因此主人会不惜工本打制嫁妆，匠师更是竭尽全力施展技艺以扩大影响，让自己有更好的谋生机会，这便成就了朱金家具穷工极致的工艺呈现。

朱金家具以喜庆吉祥的红色为主色调，以木雕和绘画为主要装饰。这种朱金相间装饰的嫁妆家具，将汉民族婚嫁的奢华形式推至前所未有的高度，也使朱金家具成为明清家具中最绚丽的一支。

朱金家具主要有婚床、小姐床、衣橱、箱笼、绣桌、窗前桌等大件家具，还有鼓桶、提果盘、衣箱等小件器具。这些内房生活需要的家具一部分是女子从娘家带来的嫁妆，另一部分是由夫家配置的家具。内房家具为女主人所有，即使是大户人家，男主人也无权或无意支配内房里的家具器物。华美的朱金家具因其不同的工艺表现形式、丰富的装饰手段为民众所喜爱。

3. 明式朱金家具

明代朱金家具，指的是有明确的时间年限，即在明代制作的朱金家具。由于明代风格的家具技艺依然在清代初期制作和传承着，故虽然已经进入清代，但家具风格还是前代遗留的，所以称其为明式。但也有少数人认为，它既是在清代制作，理所当然应该是清代式样，而不应该是明代式样，不应该冠以明式概念。

普遍接受的观点认为，明式和清式是两种具有不同审美意趣、不同风格特征的艺术形式。因此，明式和清式是指两种家具的形式和特征，虽然由"明""清"二字区别，但并非根据朝代的界限划分。

明清家具研究中的命名已基本形成共识，有些器具虽然在清代制作，但清初的家具依然传承明代遗匠技艺，保持着与明代基本相同的艺术风格和表现形式、相同的审美观

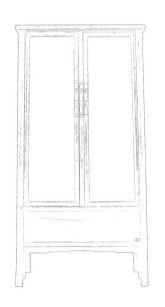

明式朱漆圆腿大橱线描图

念。更重要的是，百年后产生了新的家具式样，它明显有不一样的特征，这才是清式家具。

　　明代承传了元代的"匠籍"制度，由官府垄断手工业制作，匠人只能和同工种的匠人家子女通婚，而且技艺必须代代相传。谁家要建屋或打制家具必须向官府申请用工，官府垄断手工业而获得利益，这种制度沿用了近三百年。在当时，它也确实促进了手工业的技术发展，世代相传带来极强的专业属性。因此，明式建筑、家具技艺的百作手工以祖制为本，程式化、规范化的家具式样和装饰图案以及工艺风格成为主流。

　　清初，摄政王多尔衮废除了"匠籍"制度，工匠可以自由和民间建立供需关系。同时，元明间制定的制度法式可以随匠师意愿而改变，这促进了手工业匠人的创新发展，程式化的图案开始有所改变。尽管这种改变是渐进式的，但经过几十年的时间也必然会有明显的结果。因此，明式家具向清式家具的转变是在清军入关三四代人之后。

明朝时期，新的政治体系促进了社会经济的迅速发展，特别是永乐一朝，开启了盛世之路。随着皇宫北迁，大批优秀的民间匠师得到宫廷起用，皇宫里集中了优秀民间工匠和匠师们制作的家具。江南手工业繁荣，以苏州东山镇为代表的优秀明式家具制作工艺当时已经形成优势，除满足当地需求外，优秀的家具也源源不断地由运河向北运入京城，以满足宫廷陈设的需要。江南的官家和工匠以能够为宫廷提供家具为无上荣耀，他们在技艺上互相竞争，不断完善，使江南家具的制作水平得到了空前提高。

明中期以来，江南经济又进入了新的发展时期，商品日益丰富，它们大多出自百工之手，而家具是百工制品中的大宗商品之一，自此，江南家具制作进入了明以来最繁荣的时期。以苏州为代表的江南富商巨贾争相修建私宅园林，由于室内陈设的需要，家具种类变得更丰富，制作技艺上精益求精，风格也开始有了明确的取向。

虽然传世绘画中看到的明式家具的透视和比例并不准确，但它们为研究当时的家具式样提供了有效的旁证。从家具的框档结构上看，有的画出了完整的科学结构，但也有的会漏画某根框档，使家具少了构件。

由于在考证的过程中无法找到传世家具确切的年代依据，只能在式样上确定为明式，因此，无法肯定其为明代作品。

明　杜堇　玩古图

明代文人记述："不尚雕镂，即物有雕镂，亦皆商、周、秦、汉之式，海内僻远皆效尤之，此亦嘉、隆、万三朝为始盛。"这说明，明中期的审美简约、古朴，人们推崇素雅、高古的家具风格。在继承宋元风格的基础上，明中期对古人风尚的追求，已经深入人心，逐渐形成"明式"特征。

文人对家具设计的直接参与和间

明　文徵明　猗兰室图

接指导，进一步提高了明代家具的制作水平，更重要的是，使家具在理论上有了系统的总结。明末清初，浙江兰溪人李渔在《闲情偶寄》中写道："盖居室之制，贵精不贵丽，贵新奇大雅，不贵纤巧烂漫。"当时居室装饰的追求是实用舒适，在功能上强调科学性。更可贵的是，当时文人推崇以古为雅，以朴实为雅，反对繁雕缛饰，视雕琢、斧斫外露为俗，认为"徒取雕绘纹饰，以悦俗眼，而古制荡然，令人慨叹实深"。明代文人关于家具的这些理论和观点，在存世的明式家具中都能得到印证。但从另一个角度可以知道，这一时期，文人雅士喜欢简约朴素，而达官贵人及部分民间人士爱好雕绘纹饰。

纵观家具发展的历程，明代文人最热衷参与家具设计和理论总结，他们无疑对这一时代的家具产生了深远影响。书画家文徵明曾在椅背上题文刻字："门无剥啄，松影参差，禽声上下，煮苦茗啜之，弄笔窗间，随大小作数十字，展所藏法帖笔迹画卷纵观之。"一代大家董其昌也曾在官帽椅上题文："公退之暇，披鹤氅衣，戴华阳巾，手执《周易》一卷，焚香默坐，消遣世虑。江山之外，第见风帆沙鸟，烟云竹树而已。"这些江南文人雅士把自己的情感记录在椅背上，增加了家具的生活趣味和艺术内涵，也成了明代江南文人参与家具设计和制作的明证。

　　明清交替时期，清朝统治者依然任用大批明朝官员，吸收汉族文化。家具的制作也继承明代已经成熟的制式风格，并在康熙、雍正两朝之际把明式家具技艺推上了巅峰。

　　明式朱金家具也是小木作，同属江南地区明式家具式样系统，与明式黄花梨、楠木、榉木等家具同一匠门、同工而作。不同的是，明式黄花梨、楠木、榉木家具髹清水漆，体现自然的木纹纹理，而朱金家具在小木作完成后由漆匠髹朱砂漆，局部贴金，这使其成为明清家具中特有的、有色彩的家具门类。

　　（1）明式朱金床

　　明式朱金六柱架子床是明式朱金家具中具有代表性的式样，常见六柱截面呈椭圆形，三围围栏采用横直榫卯结构的工字格，前帐水口上分五段，由五块委角透雕花鸟板组成，遮枕上各设圆形开光的浮雕花鸟图案，花无反，叶无侧。床杠起凸阳线，于床脚上喷出，床杠两头收进尺余落地，脚外杠下设牙子角花，床脚雕高古的如意云纹或兽足纹。从椭圆形截面的床立柱，带委角的水口木雕板及明式花鸟图案，床脚上雕高古如意

云纹等特征上看，明式架子床无论是结构，还是木雕图案，以及框档的起线落榫，都符合力学原理，具备简约、优雅的美学风格，也同黄花梨或榉木明式六柱架子床同工同式而作。

　　另一例明式朱金木雕三屏架子床，背屏和两侧采用十字相交的委角藤蔓纹，用榫卯构成明式图案。床杠下壶门上一排明式圆角草龙，同遮枕上人物木雕结子边饰上的方角龙纹相对应，从龙纹图案可见是明式风格。

明式朱漆六柱架子床

架子床水口前沿五块人物雕板，正中刻高士雅集图：坐在朱漆圈椅上的雅士们围坐品茗，谈古论今。遮枕左右各雕一对男女，亲密相拥。后屏一块长方形木雕上，房内陈设几件朱金家具，桌椅皆是明式，床杠上一男子腿上抱坐女子，房侧另有一女子口唇含着手指，偷偷张望。

明式床前帐两侧扶手呈椭圆形截面，扶把顺手，中心圆形开光外上下左右各设开光透雕花卉图案，框档可见剑背线条。实例中可以看到，一些明式朱金床前帐，遮枕上的透雕板分三段木雕装饰，上下设浮雕花卉图，中段透雕卷尾龙纹图案，正中浮雕"寿"字。龙纹上下左右不对称，双龙缠绕变化，出神入化，很是神秘。

（2）明式朱漆橱

实例中的明式大橱可见透雕菊花、荷花以及其他水草花卉图案，虚实相间，枝脉清晰；木雕着五色矿物粉质彩料，红花绿叶，在鲜红的朱漆背景下绚烂夺目。尤其是矿物色料斑驳无光，更具典雅之美。明式朱金床中丰富的木雕常常被人们误认为是清式风格，其实忽略了明式与清式的区别并不仅在于雕多雕少，而是要根据木雕的转角、线条、图案等特征来判断。我们在王世襄先生的《明式家具研究》中可看到，明黄花梨剑脊棱雕花背靠背椅，坐面以上椅背透雕满工，坐面以下却是素木不饰，是繁素结合的明式椅子的经典实例。安徽西递古村中的明代建筑中有满工满目的木雕装饰，而繁复雕刻的明式门窗格子，拙作《江南明清门窗格子珍赏录》中也收录和评注过几十例。

明式朱漆大橱和小橱的实例比较丰富。一件朱漆圆角橱，从正面形体上看，四腿上收下放，立势稳健有力。摇杆转轴橱门中间设锁柱，可以锁定左右两门，橱门及两侧独板制作，里子糊了灰布、生漆。门里一对抽斗，既可使橱门向内有依靠，又很实用。

明式圆角橱从式样和形体、榫卯结构和起线落槽上看，与明式黄花梨圆角橱一致。

明式朱漆串线圆角大橱是明式朱金大橱中的代表作之一。朱漆串线圆角大橱正面设四门，门分四段装饰，顶板透雕缠枝花卉，顶板下剑背木条由卯眼串成柳叶格，格下浮

明式朱漆串线大橱

雕龙纹腰板，腰板下独板素面。

明式朱漆串线大橱，上部三面通风，显得空灵，下部朱漆独板素面，大橱内侧贴麻布髹黑漆，做工精细，庄重典雅。所谓"串线"，当是串格之属，但原产地浙江嵊州民间却称其为"串线大橱"，故定名。

大橱四腿截面呈外圆内方，即外面看到的是圆形，内侧呈方料，双插榫卯结构连接。

值得一提的是，明式大橱顶板整块可以往上活榫脱开，两侧串格、素板和两腿连成整体，也是活络的双插榫头，如此，大橱便可以分开后重新组合。

有些明式朱漆小橱，二只抽斗上的铜拉手左右不同，或一方一圆，或一大一小。二扇门摇杆轴上下直入门承，一对圆形铜饰拉手贴在正中，成为小橱的主要装饰。

明式小橱橱顶是个桌面，可以当桌用，常常陈设在床前。橱面上或置清油灯盏，或放茶水点心，是内房大床踏床内的床头橱。

明式朱漆小橱代表木作有正面方脚，抽斗面与橱门在一个平面上，显得素雅，夹框正面呈上放下收的倒梯形起线，二角上平下收的"天际线"使小橱显得灵动。

明式朱漆圆腿小橱，橱面夹框，桌面独板，四条圆腿直接由插榫连接橱面，面框三面起三道收缩线形成檐口，使小橱精巧起来。二扇摇杆橱门框起弧线，门板平面落槽。朱漆圆腿小橱整体看上小下大，也称大小头橱，在形体和视觉上感觉稳健。

（3）明式朱金桌

明式桌子主要有房前桌、半桌和绣桌。

清代早期制作的明式房前桌，在前束腰设二档枨及三只抽斗，束腰下为二抽斗，共五斗。下层抽斗二侧尚有暗室，因为二层抽斗有两条直枨，壸门上就不必有牙角承支。明式朱金家具制作以牢固耐用为先，而装饰为辅，材料好省则省，巧妙地把功能与装饰一体化，形成简约的线条和板块。

实例中可见，明式朱漆五斗房前桌桌面较大，两侧牙角伸出桌腿，这种做法被前辈王世襄先生称为"喷出"桌面。王先生把没束腰的桌子称为"无束腰"桌。这件无束腰房前桌桌面喷出两侧四腿，桌面下分两层设五只抽斗。五斗也有五子登科的美好寓意。

明式桌子案例中的房前桌，常见腿档起五条阳线，细腻而且精致，直横档枨呈剑背，结合喷出牙角和壸门上的透雕明式龙纹，以及明式菊花瓣铜饰拉手。

明式朱漆五斗房前桌，桌面和面下四边都髤朱砂漆，桌面喷出二头设牙角，壸门上也见角花。主要是这类桌子正反两面各有抽斗，正面二抽斗二个暗室，反面三抽斗三个暗室。正面牙头角花透雕漆金，而反面牙头角花朱漆素板，两面形成对比。房前桌一面靠窗墙，一般不会双面施艺，也不会靠窗墙设暗抽斗，而这件桌子当是暗面暗斗，是清代早期匠师刻意制作的特殊房前桌。

有例房前桌抽斗上饰五个蝴蝶铜饰，暗刻蝶翅纹饰，两条蝶须上展，形象生动，拉手做成蝉形，

明式朱漆五斗房前桌

十分可爱。

明式朱漆束腰书桌，因其只有完整方桌的一半，也称半桌。书桌束腰，腰带上下两条精细的阳线，溜臀与四腿之间呈大挖角弧度，罗锅枨上四面六只卧蚕纹朱金结子，四腿由上而下渐收细，显得轻巧。由于书桌系实用物件，使用频率高，朱漆常见褪色，可见局部木本色，木色与朱色相融，虽然无朱色鲜红，却也有古朴之好。

明式朱漆束腰绣桌也是常见的明式桌子，是闺房内的女子刺绣用的家具。绣桌有一个大抽斗，休工时可放置正在刺绣的半成品，防尘灰又防鼠虫侵害。绣桌桌面下设一抽斗，斗下设三围隔板，这类绣桌的四腿、档枨素角无线，内翻马蹄立足，使桌子顿时轻巧灵动起来。

（4）明式朱金架

明式朱金架子类家具，以衣架、火盆架和镜架为主。

衣架是垂挂衣裤的架子，上梁架挂衣衫，下梁架挂裤子，架托放置鞋子。从明式龙门衣架的实例中可见，梁头双龙回首相对，龙口含珠，粉彩贴金。中间四块朱金木雕腰板，委角开光，开光中施深浮雕四时花卉和飞禽走兽。从上梁架到下梁架三道角花，透雕拐子龙纹，风格一致，而龙头下一对卷草龙纹角花承饰，呼应落地抱柱角花。

腰板木雕题材丰富，有麒麟、鹿、独角兽、凤凰、锦鸡等吉祥动物，梅花、

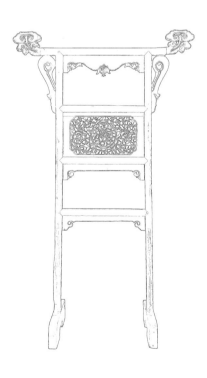

明式朱金木雕衣架线描图

荷花、菊花、牡丹等四季花卉。木雕浮起剔地，疏密有致。飞禽走兽与花卉布局有度，繁而不乱，艳而不俗，可深究细看。从委角板面花卉正面怒放，以及飞禽走兽形态高古生动、神情精妙来看，是典型的明式特征。

明式朱金木雕衣架实例中还有上梁架两头翘起，雕饰祥云纹，梁下卷草角花，中间垂蒂刻石榴果——石榴多籽，有子孙延绵的寓意。中梁架下腰板透雕梅图案，中间开光雕麒麟送子图，朱金闪烁，极空灵而绚丽华美。

明式朱金火盆架，铜火盆凹放在盆架台面上，平底的铜火盆上以炭灰填底。炭可燃烧取暖，是大户人家冬日的暖源。火盆架下一圈束腰，溜腔下五腿、四个壸门，脚档起阳线，脚底一圈托泥，使火盆架具有威仪之感。火盆架整体素作，榫卯结构拼接线可见，形圆线曲，简约优雅，有典型的明式朱金家具特征。

（5）明式朱金椅子和凳子

明式朱金靠背椅，椅背搭脑两边出头，习惯称"二出头椅"。朱金二出头椅定为明式，是出于三个因素：先是搭脑和椅柱截面呈圆形，椅背高座下起凸复线；椅背开光透雕中的委角人物图为明式；再是壸门福寿纹透雕，这些是典型的明式特征。明式朱金椅子四腿如屋柱，椅子搭脑似梁架，椅子面框也同枋木一般，类建筑的力学结构也是明式椅子的特征。

明式朱漆束腰方凳，臀档与四腿起二炷香线条，二炷香线条外侧起阴凹边线，内侧起阳凸边线，使臀档与四腿表面的线条阴阳相济、丰富而和美。

明式朱漆椅子中的隔堂式椅背，雕板以薄板夹框为主，一般分为二段式。二段式指的是一块椅背板分上下二组雕刻图案，上段常见浮雕寿纹、龙纹、花鸟和写意纹式，背板底部镂雕起线条的亮脚，显得简约、秀美和大气。

明式朱金椅椅背上部的一根横梁叫"搭脑"，或称"搭脑梁"。搭脑与椅子的式样和风格一脉相承。前腿一木连同伸出椅面上部的部分称"鹅脖"，后腿延伸直上连接搭

明式朱金木雕二出头靠背椅

脑部分称椅背柱，椅腿与椅腿之间的横档叫"踏脚档"。

实例中，方凳壶门内罗锅枨透雕一对写意龙纹，枨中间承嵌浅刻龙纹的结子。结子也称"吉子"，是朱金家具中常见的装饰方式。方凳集中展现了民间家具在木作、雕作等方面的技艺和美术造诣，并不逊于黄花梨家具的制作水平，是典型的明式方凳实例。

（6）明式朱金箱、桶

以一件明式朱金杠箱为例，其由箱架和四层箱子组成，架顶设串杠孔，木杠或竹杠可以串成箱架，故亦称串箱杠。杠箱架四柱结构，镶板和护耳雕刻变体如意纹。箱体二面开光在素板中刻龙纹，通体髹朱漆，雕刻处贴金，繁素相得益彰。从龙纹特征和如意纹饰的风格看，当是清中期作品。

明式板箱常见箱板厚，形体规正，两侧铜饰方角方形，翻铜浇铸成型，正面铜饰锁扣多是委角如意纹。

朱金器具中常见的朱漆桶以清式见多，有一件明式朱漆提桶，先在木胎上披麻刮灰，再在麻灰底上髹朱砂漆，然后贴金。而这件原产于浙江绍兴的提桶，在失漆的斑驳中仍可见到麻灰痕迹，在明式朱金家具和器物中都比较少见。

4.清式朱金家具

清军入关后，由于与南明余部打拉锯战，实行了海禁，使沿海地区成了无人烟的战场。此时的沿海地区，祠堂、寺庙和民房均被烧毁，土地不能耕种。在海禁区内，如有人活动会被定为匪盗，格杀勿论。一些人被迫到内地，但故土有祖宗遗骨，只好等待时机回乡。海禁二十余年之后，逃难的人口纷纷重回故土，寻找属于自己的土地、山林。怎奈年长的家人已经亡故，许多田地边界难以分清，更有不良之人故意抢夺田地财产，导致诉讼和争斗延续二十多年，严重影响沿海人口的生息。

清朝虽然是满族人建立的政权，但清初却大力提倡汉文化，并开启了中国历史上少有的"康乾盛世"，开创了前所未有的工艺发展时期。清初家具传承了明式风格和明式特征，多采用龙凤呈祥、瑞鸟神兽等吉祥图案。龙凤以变体的卷草龙、卷草凤或卷尾龙、卷尾凤的形式表现。夔龙和夔凤变化丰富，形象生动，并依然保持规范严谨的构图。常见的有方角草龙、圆角草龙，有明显的阴阳特征。

清初朱金家具在装饰图案上强调花瓣的开合、枝条的穿插、叶片的舒张等构图关系，强调写意和变幻夸张的手法，追求自然的同时刻意强调神似。装饰题材已不再限于水草、水花、卷草、卷花和飞禽走兽等传承久远的程式化图案，开始趋向自由创意，花鸟鱼虫、山花野草，随意雕作，虽然仍旧属于明式朱金家具的风格特征，但可以看出风格上转变的信号。

随后的几十年中，尽管汉族人曾经极力抵制他族的政治统治、艺术风格以及生活习惯，但无法

明　周臣　春泉小隐图（局部）

抗拒朝廷的主观意志，自觉或不自觉地接受和认同了统治阶级的政治倾向和艺术上的审美意趣，统治阶级的文化融入大众生活中，形成了满汉合璧的新文化。

这一时期，手工艺术从明代精工简约的风格转变成康熙时期粗放大气的特点。时代已经在政治上从文治转向武治，以马背夺天下的满人当家做主，行武的新贵族大肆营造，改变了手工艺术的时代审美风格。经过康熙时期六十一年的发展，雍正时期又开始追求细节上的美化，秀雅的审美成为时尚。乾隆初期，手工风尚仍然传承雍正遗风，但两代人以后的乾隆后期便开始追求精细繁复，失去了清雅朴素之好。

清初百年社会稳定，康、雍时江南经济迅速繁荣，也使文化艺术成就到达了一个新的高峰。但是到了乾隆中期，优越的社会经济条件使下一代逐渐丧失了前辈求知立业的精神，社会族群日益浮躁和不安，求实的思想开始动摇，人们逐渐放弃了文化精神中对理性的追求，对于艺术的欣赏也已经没有了足够的耐心。美学知识的贫乏，使更多的人

朱金床中的朱金绘画

忘却了前人对家具品质的深刻理解，浮华时代到来了。写作于乾隆中期的《红楼梦》直接反映了这一时期江南主流社会的实际情况。曹雪芹用笔墨为我们呈现了一个封建家族从盛世顶峰走向衰败的典型案例，从中也可以看到繁荣的江南在精神追求上停滞不前。

由于清末海上通商的便利，沿海贸易得到了前所未有的发展。在清政府尚未与英国人签订五口通商条约之前，沿海商人已经开始进行大宗商品的外贸交易。而在1840年后，随着《南京条约》的签订，上海、宁波等作为五口通商的法定商埠，自然成为海上贸易的重要港埠。海上国际商贸发展，茶叶、丝绸、瓷器以及各种手工艺品的出口，使江南沿海成为资本主义萌芽的摇篮。洋油、颜料、玻璃等舶来商品的进口交易，使沿海成为洋货输入内陆的桥头堡，影响了全国以农业经济为主的产业结构，极大地促进了沿海地区的经济发展，江南经济一枝独秀，奠定了打造奢华风格的清式家具的经济基础。

清式朱金家具以朱金木雕和朱地勾漆描金画为主要装饰，辅以镶嵌、堆塑、贴贝、填彩等工艺。在材料上使用黄金、朱砂、水银、彩贝、青金石粉、绿松石粉、黛粉等天然色料，朱地金彩，形成绚烂的家具门类。

（1）清式朱金床

江南地区的婚俗之一是准备结婚时的婚房，婚房在婚后随之称内房。内房是夫妻生活的私密空间，内房里最重要的家具是婚床，大户人家的拔步床也叫婚床、踏步床、千工床。清式婚床的装饰主要是榫卯木格、雕刻和绘画。"一生做人，半世在床。"婚床是事关传宗接代的重要家具，制作婚床要祭拜天地神灵，祈求多子多孙。拔步式婚床右侧放点灯橱，左侧放马桶橱，后面是六扇正屏，两侧是四扇侧屏。前帐中间上首称水口，水口上叫翻轩，前帐四柱称床夹柱，前帐两侧有纱窗，拔步脚称踏步板，中间当然是正床面。

拔步床的围屏在冬天可以装上画板使床里暖和，夏天可以拆卸画板成为通风的屏格，因此婚床成为婚房里的房中之房。

清式朱金六柱架子床

从一件清式朱金拔步床可知，水口两侧开光格子称纱窗，纱窗用一根藤榫卯结构做成灯景窗，外方内圆，使拔步床空灵而通透，灯景窗上绘淡墨莲荷或才子佳人，生出梦般的意境。由于拔步床是内房里的私密空间，纱窗自然也就有了神秘的意味。

清式朱金拔步床在民间叫千工床，意思是木作、雕作和漆作匠师用数千工时才能完成。清代晚期，江南地区经济得海外贸易之利，有过一段繁荣时期，不过富家大户由于受传统制度所限，难以扩大建筑规模，便在家具中极尽工巧，不惜工本。

实例中，清式朱金木雕画屏床，床檐翻轩由上下三段式透雕和浮雕组成，檐下七段式人物浮雕戏剧人物，两侧榫卯结构冰梅拷格，背景以五色粉彩绘就。画屏床下节分大小四块浮雕戏剧人物，呼应檐口戏剧人物图，使整个床前帐主题统一。

清式画屏床一般可见三围上正面六屏，两侧各三屏，共有十二屏风，分别以五色粉彩绘十二个月对应的十二品时花。床里五色粉彩画，床外朱金木雕，互相映衬，呈现了不同的色彩和艺术气息，却能融为一体，使整床更加绚丽。

清式朱金床上的装饰题材大多是古典名著、民间传说、戏剧人物等，离不开多子多福、喜庆吉祥的美好愿望。婚床前床夹柱上常见诗句如"丹桂宫中来玉女，桃源洞里会仙郎""凤鸟对舞珍珠树，海燕双栖玳瑁梁""意美情欢鱼得水，声和气合凤求凰"，既表达了对夫妻生活的美好祝愿，又充满了浪漫情调。

清式拔步床，罩檐有多道透雕花卉垂花，层层叠叠，使整床显得异常繁丽。檐下细刻浮雕戏剧人物，柱夹上刻有"鸾凤和鸣昌百世，麒麟瑞叶庆千龄。紫箫吹彻蓝桥月，翠鸟翔还彩屋春"等联句，充满浪漫的情趣。

拔步床水口中间柱夹上段两侧和左右柱夹内侧镂雕亭台楼阁，插入立体戏剧人物，生、旦、净、末、丑皆有，形象生动活泼。

清式朱金床，水口上绘朱地勾漆描金画，三围朱漆素屏，八只木雕结子上压了条扶手，空灵而雅致。遮枕委角开光浮雕人物形象准确，神态自若，有清中期的精致手法。床杠下起两条阳线，线下一束卷草藤蔓纹有点睛效果。床脚雕兽面兽蹄，形象生动活泼，使整床灵动。

清式架子床是闺房的主要家具，床面小巧，八柱三围的架子式样，民间也叫"小姐床"，架子可以在夏天支撑蚊帐。架子床小巧玲珑，可见上、中、下三层结构，上层水口满饰朱金木雕人物，中层可见空灵的卧蚕纹低屏格，下层以床杠和一条长垂枨组成，形成三位一体的视觉效果。

（2）清式朱金橱

床是内房的大件家具，橱是房里的中件家具。橱可见八门四斗、四门二斗、单门单斗等式样，主要是存放被单、衣裤等，是实用家具。

清式朱金垂花红橱，朱漆素面，眉檐上有三道、五道和七道透雕罩檐，左右二道垂带，垂带中有浮雕或堆塑，与红橱中间的刻花铜镜形成主要装饰。罩檐上常见四美人物，卷草龙纹、凤纹，缠枝花卉，狮子，蝙蝠等吉祥图案。垂带由泥灰堆塑，

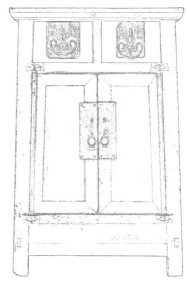

明式朱漆小橱线描图

开光盘子中塑了"和合二仙""刘海戏蟾"等图案。垂鱼下福庆吉祥，流苏垂长。

清式朱金木雕代表作四门橱，面宽橱高，四条屏式门面分四段剔地浅刻古代"四爱人物"和花鸟图案，分别是陶渊明爱菊、王羲之爱鹅、周敦颐爱莲、林和靖爱梅。门檐上还有一对转轴门承，立体圆雕刘海戏蟾，人物袒胸裸足，弓背弯腰，肩上背着金蟾，生动灵活，成了大橱的点睛之笔。

清式朱漆木雕代表作八斗橱，正面设八只抽斗，斗面上满工深浮雕戏曲人物，压檐及框档上浅浮雕卷草纹饰。两面侧板独板满雕历史故事人物，雕板上的人物上、中、下三层构图，会友、送行、居家等人物故事生动有趣，亭台楼阁，车马舟船，热热闹闹。朱金木雕地子上设青、绿、红及白色，分别由青金石、黛粉、朱砂和贝壳粉调成彩地，朱地贴金，瑰丽奢华。

清式朱金木雕大橱，门是四条屏风的形式，大多上下分三段结构，委角开光，浮雕山水、人物、花鸟图案，是东阳木雕大橱的代表作。

有例朱金木雕四门大橱，门屏上雕刻刘海坐在三足张扬的金蟾身上，手足紧紧抓住蟾背，仰头侧目远望，自信而又神秘。另一板上仙子手持蒲扇，胡须飘逸，当是八仙中的汉钟离。汉仙安坐石头上，一手指向远方，侧头俯目，仙道之风凌然。雕板上的远山近石、花草树木皆有仙气，与人物风貌一致。

（3）清式朱金桌

清式朱金三斗书桌，有无束腰书桌，也有束腰房前桌。无束腰桌子正反两面及两侧侧板与抹头、腿料平做，使框、档、脚线与抹头平面成形。四面壶门上四对牙角也不透不雕，平面成牙，直腿无线，内翻马蹄足立地，素净典雅，更能体现朱漆桌子的鲜红朱漆。有件房前桌桌面两侧外放，四腿里收，由雕刻草龙纹的牙头延伸形成夹头，使两侧四腿不占房间位置。正面二抽斗，斗下面有暗柜，拉开抽斗后可以储物。特别是二只牙角可以拉出，藏着一对私密性很强的暗斗，但这类书桌并不常见。

清式朱漆束腰书桌

精致一些的朱金家具大多都是用楠木料，但是由于本书强调朱漆而不强调木质，便不在木质上一一表述。有件朱金画桌是由楠木制作，腰间设四只抽斗，抽斗面上分三段装饰，中间一块有锁眼的铜饰，方角拉手，斗面二侧各开光浅雕花卉图案，饰金色。壶门上一条浅刻的缠枝花卉，朱金相间。从整体看来，由于画桌长度过长，而宽度并未跟进，显得同条案一般清瘦，倒亦见秀丽。

清式朱漆绣桌，四面平档平板落槽，不雕不饰，素雅清新，虽然是清时的作品，却仍然保持着简约遗风。绣桌桌面板下有一些特大的抽斗，绣品尚未完工时可放置。

（4）清式朱金架

由于部分朱金家具是从女方带到男方的嫁妆，为追求体面，经常会有装饰性超越功能性的实物案例。这种重装饰、轻功能的造物，自然便以艺术品的面貌出现，但功能仍然不可忽略，只是把功能放在次要位置。

有件清式面盆架，架下设二斗，斗下二门橱体构造，如同床头橱一般。盆架上有六道透雕和浮雕结构，分别雕刻人物和花卉图案，不见顶天立地的边饰，整体显得富丽堂皇，是清式朱金家具的典型木雕装饰。

实例中有清式朱金木雕面盆架，架下部分为三交六出六弯腿结构，弯腿外放内收，前腿伸出盆台面，雕四只狮子望柱，使盆台灵动生气。盆台后腿二柱一木连升，直上盆架梁头，梁头雕刻一对夸张的龙头，龙头回首相望，正中饰一火轮宝珠，使双龙目有所依，神有所向，整个器物灵动非凡。

清式朱金三弯腿火盆架

清式朱金三弯腿火盆架，束腰溜腔，壶门上首一对卷草纹饰，五腿先外放再内收，落地时又外放，故称三弯腿。这样做难度高，可见匠师不惜工本追求盆架的变化和动感。

火盆架落地托泥既是美的需要，也体现了为人们在围炉时提供搁脚方便的实用考量。

另一件朱金木雕火盆架，台面下一圈束腰，腰箍中开了长长的细眼，眼圈起阳线，使腰线细腻且空灵。束腰与溜腔间一圈过渡的菱形束线，壶门中透雕卷草和拐子龙纹，成为主要装饰，强化了腰壶间的视觉美感。

（5）清式朱金椅子

清式朱金椅子的四腿、扶手、搭脑和背板等框架依然保持前朝式样，但原本适合人体结构的曲线已不再准确，座椅靠背也变得硬直，椅背上增加了分段并且满背雕饰人物、花鸟、山水等内容，牙板、券口也镂雕精致，角牙开始以浮雕和透雕的形式出现，犹如建筑上的牛腿承托，一些清式椅子被装饰得繁花似锦。

在品种上，清式椅子出现了中堂太师椅这种壮实厚重的样式，一改扶手、搭脑的传统式样，把木格子攒接在靠背、搭脑和扶手的整体构造上，用线条营造椅子座面上半部分，座下则出现了束腰，使椅子上下分明。

同时，椅子使用的范围迅速扩大。除了传统的圈椅、文房靠背椅，清式椅子的种类空前增多，孩童有孩童椅，内房有小姐椅，店堂有钱柜椅，内急有马桶椅等，椅子渗透到社会生活的各个角落。

清式朱金靠背椅基本上传承了明式靠背椅形式，后椅脚与靠背柱顶天立地，以一木连做，搭脑或出头，或直角，没有创新。清式靠背椅

清式朱漆藤面靠背椅

的框架截面已经从圆形变成方形，由圆而方可以节省用工成本，这也是明式椅子与清式椅子主要的不同之处。清式靠背椅的搭脑和后柱内转角增加了角花，一方面可以增加结构的牢固度，另一方面也是美化椅子的装饰方式之一。清式靠背椅的座面下出现了束腰，束腰下出现了浅地浮雕，壶门上以透雕和浮雕水口镶边，使靠背椅显得格外华美。

（6）清式朱金箱

箱笼在内房中也很普遍，大的方箱民间称笼，小的叫箱。笼是叠着放在地上的，箱是放在小橱上面的。箱笼以存放内衣、绣物等精致的棉麻和丝绸制品为主，也会存放首饰等珍贵精致的细软。

清式朱金木雕龙头百宝箱

清式描金人物箱也叫描金幢箱，所画人物线条流畅，衣饰飘逸，才子佳人神情惟妙惟肖。

有款清式朱金木雕龙头百宝箱，箱顶一道提手，提手二端悬雕一对龙头，龙目相对，龙口相应，龙角起翅，贴二色金箔。百宝箱满面开启，门框板中数道线条，开光绘漆地描金山水，金色典雅。百宝箱是古时候人们出行时随身携带贵重物品的宝箱，外面有个夏布袋，内装女子梳妆用品或是官员和文士的印章细软，可携于野外，也可以置于房中。

清式朱漆百宝箱中常见长方形托泥底上直起箱体，打开箱盖，拉开抽斗，才见抽斗上下无框无档，上下左右抽斗面直接对缝，箱体平面起缝，箱面亦是抽斗面。

（7）清式桶、篮、盘

内房器物中的小件，桶、盘类物品琳琅满目，有鼓桶、鞋桶、提篮、果桶、果盘等。圆甩桶是宁波地方的叫法，以圆木作制作提桶木胎，再由髹漆堆漆匠合作完成。圆甩桶的桶甩由小杉木整棵圆木制成。制作前，要在冬天时去山上砍伐大小差不多的小杉木，先把小杉木以自身的木芯为中心削成均匀形状，然后趁小杉木仍是"活血"时弯曲成桶甩的造型，按造型用绳子固定形状，最后放在廊檐下自然风干，第二年夏天后才能成型。桶甩一头插入桶底，一木连做，与圆木板有竹销固定，再在每块圆木板上粘上黄鱼胶连接。有趣的是，这类提桶盖子两头开口，紧扣在桶甩上，由于桶甩向内收束，自然扣住，上盖时要先放一头落口，再推入另一头，开盖亦如此。

清式朱漆福禄纹杭州篮

常见的清式朱金和合提桶由圆木作制作，圆木作也称桶作，是由有弧度的木板拼接成圆桶的木作。提桶呈长圆形，二道扁铜箍箍成，一道铜锁，提手雕双龙含把，中间透雕和合二仙。还有清式朱金凤凰提桶，鼓腹、束腰，提柱与桶体一木连做，提梁和提把上雕刻凤凰牡丹图，凤首和牡丹透雕，凤尾随提手向上浮雕，巧妙地把功能与雕饰融于一体。提桶上下比例协调，虚实相间，既有饱满协调的桶体，又有空灵的提把。

盘由箍桶匠制作成形，由漆匠绘画，是内房家具中较丰富的一系，成套有八只、十二只，是节日里客人来时放瓜子、花生、水果等的实用盘子，也是居家的日常用具。果盘有圆形、方形、六角形、八角形等几何形状，也有腰子形、石榴形、蝴蝶形等造型。

清式朱漆彩绘盘，主要产地在宁波象山，有圆形，也有多边多角和平底无边形，中间各开光，委角有方形和海棠花形。多数果盘以朱地勾漆描金绘画，也有粉色五彩绘画，淡朱勾线，红绿染色，泥银上面，把盘子当画本，朱地为果盘，黑底为祭盘。盘芯绘画线条细腻流畅，衣衫染色淡红浅绿，不喧不闹，典雅可爱。盘中的勾漆描金画戏剧人物，生、旦、净、末、丑，个性分明。

清式果盘上的绘画超越了果盘本身的功能，成了一幅幅精美的画。以画为手段的艺术表现形式只是把果盘作为载体，其瑰丽的色调、生动活泼和自由奔放的绘画风格，也是绘画艺术中的一部分。

台州民间有种篮子叫"杭州篮"，明明是桶状物件，是圆桶作作品，却叫篮。但是从民俗学角度来说，要尊重民间的称呼，故在此也称"杭州篮"。这种提篮提手用两条顶端相交的四头白藤插入篮腹部，相交处用铜丝扎紧，成了夸张而轻巧的提手。提手下是个空虚的圆体，篮体是上下相合的圆球形，上下相呼相和。

清式朱漆二斗桌

二、朱金家具的匠作

1. 朱金家具的用料和匠师

（1）朱金家具的用料

朱金家具的木材用料主要有江南本地的楠木、榉木、香樟、梓木、银杏等。明清上乘的朱金家具主要产于宁波、绍兴、台州、金华等地区，也有一些产自杭州、嘉兴、苏州、常熟等地。这些地区周边的丘陵山林是家具木料的产地。古代受运输条件限制，木料就近择取，当地良好的森林资源就成了朱金家具木料的主要来源。

江南地区朱金家具的用料还有从四川采购的四川楠木，称为川楠。川楠质地细腻，不易被虫蛀，分量轻，不变形，易加工。川楠可通过长江顺流而下运到上海，再中转到太湖流域和浙东沿海地区。

明清时期物流并不方便，但商人打通了西洋和川地间的运输环节，川料可通过海洋和江河水道分销到江南各地，丰富了明清家具制作的原料。朱金家具用料要求质地细腻、密致、坚固、不变形、不起翘，而不必考虑木纹的肌理，更不能使用黄花梨、红木、花梨木、鸡翅木等收缩系数高，又不能吸收油漆的硬质木材。朱金家具髹漆时要先髹底漆，底漆由桐油和大漆调制，油漆透入木质表皮之内，既形成保护膜，又能过渡至朱砂漆。因此，表面结实的硬木、油性强的木料不宜用于制作朱金家具。

楠木。楠木品种较多，质地也不尽相同，川楠最好，闽楠次之，浙楠稍差。楠木也会因山土、朝向、生长速度的不同，质地有粗细之分。楠木有金丝楠木、银星楠木等纹色不一的种类。楠木纹理清晰，温和近人，抚摸如肌肤之感，是明清时期江南地区制作朱金家具的最佳木材之一。

榉木。榉木分红榉、黄榉两种。红榉色深如蜂蜜，古称"蜜色"，今人则称"咖啡色"，

明式朱金床木雕

黄榉色偏黄，纹理近红榉木，但质地更细密，纹理更隐秘，木质也更坚实。榉木剖面犹如山水画的树龄纹，民间称之为"宝塔纹"。榉木很重，不蛀不烂，也是江南本土所产的优质木材之一。

梓木。民间称"千年梓"，意谓能保存千年，是明清建筑中常见的木材，也是家具制作中使用相当普遍的树种。浙江东阳卢宅有纪年明确的用梓木建造的明早期建筑实物，历经五百多年依然坚硬且不蛀不烂。梓木呈乌枣色，深沉老道，虽新犹旧，所制家具古朴高雅。古代有称木作工匠叫"梓匠""梓人"，不知是否与梓木有关。

樟木。有红心樟和白心樟两种。红心樟又称"油心樟"，香味浓，含脂量极高。白心樟只有淡淡的香味，但易雕刻，并且颜色清爽。千年巨樟在古村村口存世较多，但皆已腹空。朱金家具的木雕部分大多用樟木。

银杏木。银杏木树大面宽，不变形，不开裂，是板料的最佳选择，江南有"枫树栅，杏树板"之说。银杏木纹理细净，质地细软，因而是清水雕刻的优质材料，也是朱金家具绘画画板的用料。

棕绳和白藤是制作椅子的辅料。棕树是江南常见的树种，人们采其棕衣，拉丝、织绳，用棕绳编织棕棚。椅子座面若非板面必用藤面，床面也会有藤面，藤面底下肯定是棕绳结棚。用棕棚衬托藤棚，棕棚承重而藤棚作面棚。白藤是南国野生古藤，新时色白，用几年后白里泛黄，几十年后便呈现古旧之美。用藤条编织成精细的经纬平面，间以高古的几何纹饰，光滑而平整。用柔软的棕和藤做座面或床面，如同素净的软垫，长时间坐于椅凳上也不伤身体，是朱金家具中椅、凳、床的辅料。

黄鱼胶。鱼胶是鱼的胃，人们习惯称其为鱼胶。把事先晒干的鱼胶放在铁锅里煮烂，高温下的鱼胶是液体，一旦冷却便成了坚硬的固体，可用于胶接。朱金家具的榫卯部位都要用鱼胶粘接，胶接打紧后还要用竹片倒销打牢，这样榫卯便坚固紧密地交合在一起，数百年不松动。

江南明清朱金家具和其他家具的木料基本相同，各地工匠有基本的共识：不用杉木、松木等质地较差的树种，也不用东南亚进口的硬木料。硬木易收缩、板料易开缝。用于制作家具的木料须富有韧性，能承重，以保证榫卯结构的牢固。具备这样条件的木料不多，江南民间制作家具可选用的木材范围不广。

朱金家具实用的装饰色料来自大自然中的矿物质色料和植物色料。髹漆和装饰用纯天然的矿物料和植物料，主要有朱砂、生漆、桐油、黄金、白银、青金石、石绿、黛粉、绿松石和烟煤。

朱砂，也叫硫化汞，产自浙江昌化的原矿鸡血石和湖南辰州的"辰砂"品质最佳。中医以其安神定心之功效而入药，画家则用其上色和做印泥，颜色千年不变。

生漆。生漆既是底漆的主要黏合物，又可以单独作为绘画色料。生漆原胶是乳白色的液体，经过脱水处理后成为纯生漆，干燥后呈黑色，故有"漆黑"一词。在朱金家具的髹漆中，生漆和桐油是朱砂色料的黏胶剂。

桐油。桐油由野生桐树果子——俗称桐籽，压榨而成。生漆漆面和绘画时需要桐油稀配。桐油在使用前要脱水，用高温烧沸炼制。脱水技术很复杂，炼制时间不足，水分过剩难干涸则不能用；脱水温度过高，桐油会被燃烧掉。因此，煎熬桐油要掌握火候和温度，而且要靠经验把握，这是髹漆技艺中的一大技术难关。

黄金。黄金容易加工，可用手工捶打，数百道烧炼打制工序能使黄金变成薄如蝉翼的金箔。金箔成品一般以一寸见方，也称"寸金"。金箔打制和贴金时多有废料，打碎碾粉调以生漆，便成为金泥。金箔是朱金家具朱地贴金或描金画的用料。

泥银。由银箔粉末磨碾后和水银调配而成，是勾漆描金画脸部、手足等裸露肌肤时用的银灰色画料。

石青，也叫青金石。青金石打碎磨粉，常用于画如来佛头上的青色部分，故也有称佛青的。石青是朱金家具中粉彩画的重要青色画料。

清式八角双喜盒

石绿和黛粉。石绿来自铜矿原石，原矿存量稍多，但碾粉同样不易。石绿色有深浅，是绿色画料的重要组成部分。黛粉来自天然花粉，偏深绿，颜色典雅。

烟煤。烟煤也称"黑烟"，是木柴燃烧后的黑炱，是粉彩画中黑色的重要色料。烟煤通常从灶膛的烟道中取得。

朱金家具的装饰色料还有贝壳粉、石膏粉、韶粉等辅助原料，这些全部来自大自然。

（2）朱金家具的匠师

朱金家具由小木作、箍桶作、木雕作、髹漆作、画作和铜匠等匠师配合完成。匠作有严格的匠门，有一套系统的工艺流程。造车的不会做犁，做水车的不会做风车，箍桶的不会做板凳。造船的称船木作，建筑梁架结构的称大木作，建筑门窗及装修的称小木作，髹漆的叫漆匠，雕刻的称雕作，画画的叫画匠。

家具是农耕时代除了土地和建筑之外的第三大门类。在经济条件允许的情况下，富家大户在家具的制作上不惜工本，竭尽所能地投入资金，因为其既能满足生活的享受，也是财富的体现，更是社会地位的象征。

匠师有严格的师门，授徒往往是世代相传，也有"传子不传婿"之说。如果需要招收外姓学徒，要经过严格的程序，拜祖师、拜师父仪式是必需的。拜师后，经过"没有工钱吃口饭"的三年学徒生涯后，名义上才算是满师，要谢师，徒弟要给师傅送来丰盛的酒水，宴请匠门里的师公、师叔、师兄们。

外收的徒弟，大多是家庭贫困、父母无法养活才送入匠门学艺，因而在前几年里不仅没有工资，师傅也不会直接教授技艺，而是需要偷偷学习。白天在作场劳作，晚上还要帮师傅洗衣服做杂务，只有勤奋而

清式朱地勾漆描金八角帽盒

有上进心的学徒，才能感化师傅，被认作真正的门徒。"满师"加三年"半作"，整整六年，才称"出师"。"出师"并非离开师傅独立匠门，而是要为匠门做贡献，为师傅带另一位"半作"师弟。因此，无论小木作、圆木作和漆匠、雕作、画匠，一般至少要经历近十年艰辛才能学成谋生的手段，自立门户从事施艺并可授徒。

匠师的地位并不像我们现在想象的，可以同大户人家的主人平起平坐，而是以短工的身份为主人打工。只有具有一定水平和名望的把作、匠师，可以同主人一道探讨技艺、确定题材和共同设计，但仍然是主仆关系，要尊重主人意见，根据主人的喜好和要求确定家具的式样。

由于匠师学徒来自贫苦人家，匠师们如同流浪的艺人，以"吃四方饭"养家糊口。虽然民间尊称匠人为师，但在传统社会中，他们仅仅被认为是劳力、劳心的谋生者。

要做家具的人家会选择自己认为优秀的匠帮，或者找工钱合适的匠帮来自己家里做工。这种传统的合作方式在民间称为"家作"，是由明代的匠籍制度延续而来。匠籍制度是官方控制百作造物的用工，民间用工要向官方提出申请，官方派官匠做工，以谋取利润。

匠籍制度有利于手工技艺世代相传，在工艺传承上有一定的优势。虽然它在清初被废止，但把匠人请到家里来做工的传统却一直保留了下来，多数木作、雕画作是将匠师请到家里来做的。直到清末民初资本主义萌芽时，才出现作坊式生产模式，家具成了商品，人们将作坊生产的家具称为"买作"。从清末家具遗存实物中可以看到，凡"家作"家具用料厚实，由里而外精工细作，而坊间制作的"买作"家具则表面尚可，侧面和后面的用料、做工都不尽如人意。但是，朱金家具中的绘画，在"家作"和"买作"上并不见得有实质性的品质高低，有些"买作"匠师可能专事雕刻或绘画，更加专注于专业的技艺，虽然用料很差，但雕画功底不同寻常。

荒年或经济不好的年月，匠师生计便面临困难，只求有活做、能糊口，工钱便成为主人随意给的所谓奖赏。犹如画师画的戏剧人物，戏班子里的演员得到的佣金，是他们精彩表演时看客的赏钱而已，而看客对演出不满意时，便会喝倒彩，自然难以谋生了。民间匠师通过不断学习、积累经验、提高技艺，使内房家具制作达到了和其他工艺美术一样的艺术高度。

20世纪七八十年代，江南人称工匠为木作老师或漆匠老师。那时已经没有富家大户，即使粮食短缺，东家还是给木作老师和漆匠老师三餐供精粮，或许既是出于对匠师的尊重，也是希望匠师多出力，提高效率，以减少工时和要支付的工钱。

在一些偏僻的乡村，匠作工作量少，漆作、画匠和木雕也成了同一匠门。

明式朱金床后床屏局部拷格和木雕

2. 朱金家具的小木作箍桶匠及制作工艺

（1）小木作的工具

优秀的工匠肯定会有一套完整且保养良好的工具，如斧、锯、刨、凿等。从《营造法式》和《鲁班经》等文献的插图上看，这些木作工具至今没有大的变化。工匠都很珍爱自己的工具，因为这些钢制的工具在当年来之不易，是他们赖以谋生的器具。

明式朱金床后床屏局部木雕

木作工具主要有长锯、平锯、绕锯、斧头、卯凿、长刨、短刨、线刨、薄凿、索钻、墨斗、角尺等。

锯。锯有大锯和小锯之分，大锯锯齿两端左右倾斜，由二人牵拉，用于木材的横向切断及纵向分解。小锯常用于将板材锯成毛坯和开榫。小刀锯，又称"抽条锯"，常用于组装时刹肩，用在普通锯伸不进去的地方，可锯宽板。还有一种小镂锯，是穿带开槽起线的手压锯，用于横向在板上开出燕尾槽，插入穿带，增加拼板强度。

斧头。斧头主要用于木材毛料的砍削，在非平面框档的倒角等木料的成型工序中，斧头也用于敲打凿柄起卯眼。

凿。凿是小木作的主要工具之一，榫卯凿用于起卯眼。以鲁班尺寸为单位，凿按宽度分一寸凿、半寸凿、三分凿大小，可用斧头敲打凿柄，在木料上起出与榫头同等宽度的卯眼。平口凿用于剔槽、倒角，薄凿可以雕刻简单的委角线条和木雕图案。

刨。刨由刨铁和刨床构成，刨铁由钢铁锻打，刨口磨出刨刃；刨床是木制的，刨刀刀斜向插入带长方形孔的台座中，后背用硬木压紧，台座为长条形，左右有握手，便于手持推刨。长刨刨身长尺半，用于直料刨平、刨直，也用于平板推平。短刨也称净刨，刨身半尺，细刨以推光为主。线刨种类较多，用于框档表面起线，所需线条不同，刨铁也须磨成不同形状。

索钻。索钻靠绳索来回牵拉、转动，俗称"三簧钻"，是小木作钻孔的工具，可以根据需要换粗细钻头。钻孔主要用于打竹销或木销钉。

墨斗。小木作从储有墨汁的墨斗中拉出一条细绳，紧绷在木材表面，在墨汁滴落前轻轻一弹，就能画出一条直线，木匠根据这条直线来割锯木材。墨斗还配一支由竹片削尖又分细丝的斗笔，用于画榫卯的实图，也可以开榫起卯。

角尺。角尺俗称"夹角尺"，是画90度直角的工具。活角尺，多用于画45度夹角等不同角度的线条。

木勒子。木勒子是画线的工具，用木料做成一圆弧状器型，上面沿弧形轮廓钻若干孔眼，每个孔内插入长铁钉。使用时，先用尺子在木料上定好尺寸，画上标点，根据尺寸调整铁钉的长度，铁钉和标点对齐，右手握紧木勒子，左手按住木料，使劲一拉，便可在木料上划出平行的勒痕。

传统匠作工具中的金属器具由铁匠打制，架锯、开刨、依柄等配套的木质部分是木匠自己做的，从工具中就可以看出木匠匠门的水平。徒弟的工具由师傅提供，他是半作时便学习工具制作。磨斧头、研刨铁、修凿口、锉锯齿等工具的养护也是木匠的基础技艺。工具的品质会直接影响技艺的发挥。

（2）朱金家具的榫卯结构

伐木。制作朱金家具首先要备料，大料和直料、弯料和小料都在预算中。从山林里砍伐已成熟的、新上浆的树木。古代交通不便，木料一般就地取材，或优先在水运方便的地方伐木。

山上砍下来的木料要架在由三根原木交叉组成的、俗称"木马"的架子上，用长锯锯成厚约三寸的木板片，堆放平整，用麻绳固定住，层层相压。木材需自然阴干，不能曝晒，以防开

清式朱金提箱提手木雕

裂、起翘。木料的干燥程度直接影响成品的质量，因此原料干燥非常重要。朱金家具的用料需要经过一个夏天的阴干才能使用。

木雕和绘画是在小木作统一完成后进行的。木作完成后，哪些结构和部位需要木雕和绘画，已经有设计；哪些构件和部位需要绘画，画什么题材，也已经基本明确。

朱金家具讲究榫卯结构。中堂和书房常见的木纹的清水家具可以有收缩缝，但朱金家具必须要有框档和平整面板，故要有更精密的榫卯结构，往往倾向于使用双榫或明榫。双榫增加相交面积，增加强度；明榫可以在榫口上打倒销。面板要增加排档，以保证框档和面板紧缝。

为了方便拆装和搬运，或者冬夏变换屏风，婚床或者小姐床需要活榫。有些工匠会在活榫上做个机关，或先拆一半，再往里推；或先往上移，进半榫，再往下压。活榫十分巧妙，组装时既方便，又别有趣味，如同小孩玩过家家。不了解活榫的机关结构是拆不开的，硬拆会拆断榫头，损坏重要的构件。

榫卯，也称榫头、卯眼。榫头与卯眼一虚一实相接相合，称榫卯结构，由榫卯连接木结构固定上下左右。朱金家具常用的有单插榫、双插榫、夹角榫、对角榫、委角榫、串线榫和平压榫等。

单插榫。把单支独榫插入单孔卯眼，形成 45 度的夹角，这是小木作常见的基本榫卯结构。

双插榫。把平行的双支榫头插入相对的双支卯眼内，双榫是为了增加榫卯结构的接触面积，加强连接强度。

夹角榫。家具边框四角为 45 度夹角的榫卯结构，是用于方形结构的框档榫卯。

清式朱漆百宝箱

对角榫。穿过横条或直条，榫头与榫头在同一卯眼中相对，也称斗角榫头。

委角榫。榫卯相接的内角呈圆弧形，使转角柔和。

串线榫。同一根横木条并排开卯，用卯眼大小相同的直木条并排串成格子的结构。

平压榫。两条木条横直相交时，按木条尺寸各挖出一半厚度，横直平压相交而成。

还有连接椅圈、椅圆的楔销榫，腿上开槽穿过牙板直插面板的夹头榫，直角相接的丁字榫，以及攒边落框槽、燕尾槽等。

（3）朱金家具的木作流程

在确定朱金家具样式时，已经考虑了整体画样，这些画样的设计由小木作完成。根据尺寸，匠人会用墨斗在木板上弹出直线，用竹笔画出转角，然后形成画样。工匠在干燥的木料上按所需弹好墨线，便开始按墨线锯割木材。小木作是家具的主设计师，俗称"把作老师"。他们会参照家具公认的长、宽、高等尺寸，也会以匠门里掌握的经验画样为依据，把画样挂在作场墙上，师徒及师兄弟们以画样施艺。

清式朱金床木雕

近现代　佚名　学士图

画样。朱金家具种类多，制作大床、大橱、桌、椅、箱等都需要画样，以确定式样、尺寸，设定木作工艺流程，分解木作、雕作、髹漆、画作、铜作的构件及前后程序。把作匠师与主人讨论选定式样、风格，着手度样。一支自制的竹笔、一个墨斗、一把角尺，工匠就能在旧门板上以1：1的比例度样。在同一地域、同一时代，传统家具会有基本相同的流行式样和风格。家具和器物的器型以及线条、榫卯都有师传的基本规则，但优秀的匠师会在师传基础上创新完善，设计出他认为更优秀、更精美的作品。

取材落料。朱金家具的取材落料要根据画样尺寸和式样确定，腿料、框档、面板等大料基本按需落定，小料则破成薄片备用。取材落料后需要自然干燥，最好过一个夏天，所以家具的制作需要较长的时间。

成框制档。落料用长刨刨直、刨光。框架和档枨是家具制作基本的框架结构，按照画样要求，框档先成，才能在框档上画出榫线和卯眼线条。

开槽拼板。朱金家具大床的前帐、橱身、桌面、椅面等都要拼板，拼板要起俗称"雌雄缝"的阴阳槽，粘鱼胶，起竹销眼，落槽打销，把小板拼成大板面，框档四边也有落在枨头上槽板口，板背面还得起燕尾槽，打楔销档。

出榫头、起卯眼。框、档、枨、板等木料刨平后，根据画样用直尺、角尺或活角尺画出夹角、双榫、单插等不同榫头和卯眼的位置，再按照度样用竹笔画出榫头和卯眼的墨线。用细而薄的榫锯一次性锯出准确的榫头，并用凿子凿出卯眼。卯凿的尺寸和卯眼的宽度一致，有利于准确掌握卯眼大小，便于和榫头结合。榫卯的尺寸有一定的规则：以鲁班尺的"分"和"寸"为单位，一般有三分榫、半寸榫、一寸榫等。

试组装。木条两头的榫卯制作完工以后，组装雕刻的结子也同时完成，便可实施试组装。要雕刻或绘画的构件也需要先组合，检验是否落榫合槽，白胚成器后才拆开，分发雕画等后续工序。

再组装。待各工序完成后便进行正式组装，组合时需要黄鱼鳔，把事先准备好的、晒干的鱼鳔放在铁罐里煮烂。高温下的鱼鳔是液体，一旦晾干便成了坚硬的固体，可以用于胶接。烧煮鱼胶时需要专人掌握温度，用文火保温，同时不停地用木棒搅拌，以免沉底烧焦。待榫卯落位胶接后，还需趁胶未干时打倒销，即先用凿子在入卯后的榫头中凿开口子，然后用毛竹削成尖头的竹片在榫头端头的口子内倒插，再向内打入，使榫头涨开，榫卯之间紧密地咬合，才能数百年不松动。

分清原木在自然生长时树脚和树脑的上下位置，对于传统建筑非常重要。原木不能倒置，左右不能搞错，下为大、东为大，这是古代工匠制造木制建筑和家具的规矩。这些基本的原则在传统家具制作中成为共识。

清式朱金瓜棱桶

（4）箍桶匠

箍桶作是专门从事圆桶或圆盘制作的匠门，除了圆桶类器具外，箍桶匠不会做家具。箍桶有一套完整的工具体系，有斧头、平锯、绕锯、弧锯、金锉、长推刨、短刨、大小圆刨、大小弧形卷刨、圆凿、薄凿、索钻、规尺、角尺等。

工具中有一条箍桶时专用的前脚朝上、后脚落地的箍桶凳，但由于箍桶凳体量大，匠师去异村箍桶时，随身携带并不方便，便借用当地村里一种俗称"懒凳"的又宽又长的午休凳。把懒凳反过来，后面抬高约30厘米，长推刨一头就可以搁在懒凳二脚之间的横枨上。

制作桶或盘的木料，先锯成所需的高度，然后用绕锯锯出造型弧度，用长推刨刨出对接弧度，然后用鱼胶粘接，用竹销串接成圆形毛坯，先打上毛竹箍，再在桶或盘里外用卷刨刨出准确的圆弧。桶或盘需要雕刻简单的线条和图案，箍桶匠也会略施雕艺，用圆凿或薄凿雕刻，但复杂的木雕图案要由专业的雕工完成，再返回箍桶匠组装。

成桶后，进行换箍，退出竹箍，用铁丝或铜丝缠成桶箍，也有用扁铜条围成圈，两头用铜热焊的桶盘箍，从小头处套入，用木条抵在桶箍上，往大头方向推敲，一点点把桶盘箍紧。

普通的桶种类繁多，有提水用的拗水桶、担水桶、吊水桶、料桶，有体量很大的做豆腐用的豆腐桶，腌咸菜的咸菜桶，有厨房里的锅盖、饭桶等。朱金器物里的桶有果子桶、圆甩桶、梳头桶、茶壶桶、讨奶桶、洗脸盆、洗脚桶、沐浴桶、沥碗桶等，还有圆盘、八角盘、腰子盘、祭盘等。箍桶匠师为朱金家具和器物提供了丰富的实物资料，可惜现在不锈钢和塑料制桶替代了木桶，箍桶匠基本上改行了。

3. 朱金家具的髹漆、绘画及工艺流程

（1）朱金家具的髹漆

打磨。木作完成后就开始打磨。打磨是漆作髹漆前的基本工序。古代没有砂纸，打磨非常艰难，木料的打磨要用木贼草及墨鱼骨磨去木材的毛刺和角锋。打磨极其重要，会直接影响成品的品质，不可忽略。待打磨到边角圆润、线条光滑、表面平整后，才可以刮灰。

刮灰。刮灰也称披灰，用油漆和瓦灰调成的胶泥在板面上刮底，填平木板木档的接缝及结疤，好让漆汁透入木料表面，使木料皮表和漆面紧密结合而不会起皮。刮底后待木料干透再打磨。一般要刮灰三次，刮一次打磨一次，直到灰面平整为止。

磨朱砂。画板刮平后，开始准备漆面，先要磨朱砂。纯天然色料的研磨、筛选、调和都由漆工进行，因此漆工需要掌握生漆调配和色料制作的技艺。做学徒时，首先要掌握锤朱、磨朱、吹朱和调朱的技艺。锤打朱砂有专门的铁锤和铁缸，铁缸上有木盖，盖上有个通铁锤木柄的小孔洞，铁锤上下敲打，木盖可挡住缸内飞溅的朱砂。打碎朱砂后，要碾磨，也是在铁缸内用铁

清式朱金木雕沐浴桶

锤反复碾磨，直至像粉般精细。接下来是吹朱，用空心竹管口吹磨细的朱砂，将最细的吹飞，集中一侧，收集吹不走的粗的砂粒，再重新捶打碾磨。总之朱砂要细，越细越好。

熟桐油。采集桐籽，剥壳后晾干，压出桐油。由于桐油里有水分，需要用铁锅烧炼，减少水分，民间称"熟桐油"。熟桐油要掌握火候，火太旺会烧着桐油，一旦烧着了，便会把整锅桐油烧干、烧焦。桐油中的水分含量靠匠师经验判断，这也是师承的技巧。

调朱漆。乳白色的生漆同熟桐油调配后称油漆，油漆调上朱砂色料后称为朱砂漆。朱砂漆要求是鲜红色，突出朱砂的美，而朱砂必须依靠生漆和桐油固化成朱砂漆面。在生漆品质、桐油纯度以及朱砂纯度没有标准的年代，把握生漆、桐油和朱砂色料的比例完全靠匠师的经验。漆面鲜红而又坚固，是髹饰朱砂漆的一道难关。照匠师们的说法，朱砂漆的调配由于春夏秋冬不同，阴晴风雨不同，调制的结果也有不同。民间传说匠师要吃素三天才能调正朱红，可见调朱砂是门难活。

髹漆。髹漆也叫上漆。底漆用天然生漆调以熟桐油配制而成，上漆的漆刷由笋壳制作。上漆要求细薄，并且均匀，底漆干燥后，再髹朱砂漆。

在刮灰后的板面上用笋壳刷或毛刷刷朱砂漆，上一层漆要几天才能干燥。干燥后的漆面高低不平，要用木贼草或墨鱼骨打磨平整，再上第二层。反复上漆三到五次，要求高的漆面甚至要上七次漆，历时数月才能完成。遗憾的是，由于朱砂昂贵、髹漆工艺复杂，真正用朱砂矿物漆髹饰家具的技艺已经基本失传。

朱金家具一般正面上朱砂漆，里面和底面都可见天然木纹，上清漆即可。透明的清水木作也需刷漆、打磨数次才能达到理想效果。

（2）勾漆描金画的工艺流程

描线和勾漆。勾漆是选定题材后施画的第一步。在平整的朱漆面上，按照设计要求，用毛笔蘸上淡墨把选定的题材和图案勾勒出线条。淡墨只是画稿，可以水洗修改，待淡墨底稿完成且干燥后，再用生漆重复在墨线上勾漆。

清式朱漆木雕八斗橱

　　用生漆勾线。由于生漆极具黏性，必须落笔无悔。生漆勾线要求线条流畅，粗细有度，或钉头鼠尾，或硬如铁立，或如春蚕吐丝，柔如流水。

　　勾漆的线条基本决定了绘画的品质和水平，由于有黏性的生漆要勾勒起凸的线条效果，因此匠师需要在勾漆上下真功夫，甚至要练习掌功和指功，使手稳笔沉、用力均匀。勾漆要腕力、掌力、指力和气息相通，方能一气呵成。在遗存的实物上可以看到一些细若游丝的漆线，如泥鳅背一样立体的凸出硬线，这在当时也是绝活，是少数优秀的匠师才有的功夫。

贴金。漆金勾漆干透后开始贴金。金箔是用纯金打制，薄如蝉翼。在勾勒漆线的图案里贴金箔，是勾漆描金画重要的填色工序。匠师需要先确定哪些衣饰或景物要上金色，然后在要上金色的部位用少量生漆调熟桐油涂一遍，待漆面半干时，贴上金箔或涂上金粉。贴金是一门看上去简单但也需要耐心的工作。金箔是夹在两张宣纸中间的一寸见方的规整形状，将一面宣纸先拿掉，翻贴在画面上，然后在正面宣纸上用短毛刷压涂，待金箔粘在画面上后拉掉正面宣纸。由于金箔薄如蝉翼，故贴金箔时要屏住呼吸，集中注意力才能施艺。

金箔表面没有生漆和桐油，背底则用生漆桐油，也有在金面上罩一层清水漆的，称为贴金罩漆。这种使贴金面固定在漆里的工艺称为漆里金，虽然这种工艺会使金色变淡，但能有效保持金箔不脱落。金箔碾细而成的金泥用生漆和桐油调和，称为泥金，泥金只是色料。因为泥金中有油漆，看上去金的颜色偏白，用金箔和金泥绘制的画面上会出现两种深浅不一的金色，折射出不同的视觉效果，使画面更加丰富。

用金泥调生漆和桐油时，比例非常重要。漆少黏性不足，漆多色深，金会失色，而金泥多则浪费，少又达不到效果。这种技艺只掌握在少数工匠手中。贴金和描金后，待黏漆干透要修金，用短毛细笔轻轻抚平金箔表面，使其折光均匀。

（3）粉彩画的工艺流程

括底子。粉彩画主要在床的屏风和橱的门面上施粉底。屏风和橱门形状确定后，屏风画面的部分尺寸也同时确定，画板已经明确，可以开始施粉底。粉由石膏粉或滑石粉调配熟桐油和清水而成。粉底要求平整均匀，所以也需要括底子、打磨和刷数道漆底才能完成。

起线条。第二道程序是起线。一般先勾勒人物和景物的主要轮廓，但也有直接以原色彩线绘制，以线替代块面，使线色一体，这种绘画手法并不少见。起线条是粉彩画工艺中重要的环节，虽然粉彩画的线条不是朱地勾漆线条那样凸起的硬线条，但起线是粉彩画的基础。线条讲究流畅，讲究笔墨转折形成画面韵味，基本决定了故事的主题和画面的主体，会影响绘画品位。

填彩。在勾勒完成的线条内填彩是粉彩画重要的流程。由于粉彩画颜色丰富，填彩时一色一彩，有先有后，如同套版印刷，先施色多的部位，再填色少的空间。人物的帽饰、服装、鞋子、腰带、配饰、脸面、手足用色不相同。填色并不是单一的色料充填，而是要有浓有淡，有深有浅。匠师要熟练掌握色彩的对比关系，使画面色调和谐。

清式朱金床格子和木雕

彩上加彩，指在彩色的人物或景物上施加线条，描绘衣服布料上的花卉或其他图案。色彩不仅是相对而成，更是相加合一，使色彩有自然的过渡，在过渡中结合，形成深浅变化的颜色。

粉彩画的开光边饰图案与橱门面的边饰、床屏风的边饰不一样。橱门面是木工先在橱门上起凸的底子形成画面开光的线条，后画边饰。而屏风画开光的起线是在平面上，完全靠画出的线条图案完成开光的起线。粉彩画是在彩料里调入少量桐油，使画彩在干燥后不会松动剥落。

饰面。饰面是朱金家具绘画中相当重要的工序，人物的脸、足、手等露出的部位用泥银调生漆，画出深浅皮肤的质感。由于银泥内含铅，铅料长时间同空气接触会氧化变黑，所以在朱金家具的绘画实物上，人物的脸部会因色深导致无法辨别眼睛、鼻子。这同敦煌壁画一样，画料中金属氧化，导致画面色调加深。

画面基本完成后，脸部的描绘成为粉彩画人物传神的关键步骤。不同的人物有不同的眉、眼、唇等形态，通过画眉、点睛、着唇，画出不同的人物个性和不同的人物神情。匠师用黛粉调烟煤画眉，用生漆配烟煤点睛，用朱砂或赭石着唇，使人物很快灵动起来，人物的神情意趣、喜怒哀乐也在点睛着唇的施艺中表现出来。

刷漆面。绘画完成后，匠师会在粉彩画上盖一层薄薄的漆面。漆面用漆很少，以桐油为主，以封住画面加以保护。无论是桐油还是生漆，颜色都会在一定时间后变深，因此，这层封面漆要求薄而均匀。

（4）朱金家具上的绘画

婚床上的绘画。婚床上的装饰很丰富，包括透雕、堆塑、勾漆描金绘画和五色粉彩绘画。婚床装饰分前、中、后三层，前部分称"前帐"，中间称"内水口"，后层及二侧共三围称"床屏风"。床上的绘画主要分前帐上的朱地勾漆描金画和屏风上的五色粉彩画。前帐上的勾漆描金绘画和床上的朱金木雕相映成趣，雕画一体，朱金相间，显得贵气十足。床前帐顶上面的翻轩，一般分五段开光装饰。开光中间为主画面，大多画麒麟送子等讨彩图；主画两边开小窗，一般题写点题的对联；两旁则是彩画和合二仙。翻轩整体前倾，以便仰视欣赏轩画。

翻轩下是罩沿，常见透雕卷草蔓枝纹，或三道，或五道，一般只雕不画，清末时也有在罩沿上雕小开光，画些彩色小花卉，雕画一体。罩沿下是床前帐，有满板雕刻的，也有上画下雕的。床前帐上朱红漆底，勾漆描金，鲜红与金色争辉，喜庆吉祥之气顿生。

床上屏风画是床席三围里的装饰，床屏风可以活动，冬天天冷装上，使床封闭；夏天则打开，可以让凉风进来。屏风有正面及两侧共三围，一般正面五屏或六屏，两侧各三屏。屏风由屏风板组成，粉彩画画在开光的屏风板上。

婚床绘画主要是祈求婚姻幸福、多子多孙，还有丰富的民间戏剧人物，这些描绘才子佳人的绘画使内房充满浪漫情调。

小姐床上的绘画。清中期的小姐床大多是低围屏，前帐以勾漆描金画为主，用少许木雕衬托。清晚期的小姐床出现了封闭式的高屏风，正面六屏，两侧各三屏，一套十二屏风。小姐床上描画的多是提示女子修身养性以及三从四德的传统教育题材，也有浪漫的爱情故事。

衣橱门面上的绘画。衣橱门绘画一般分上、中、下三段装饰，上段绘开光花鸟或人物，下段绘走兽或静物。从大橱实物中看到，八门橱多数是上下

清式朱金床里的绘画

四门，中间四斗，四门橱外表无屉斗，但门里会有屉斗。无论四门橱还是八门橱，中间都有用转轴开启的活门，而两侧用插栓拴住，成为专门的装饰。衣橱绘画，利用如同雕塑一般有体积感的橱身进行正面彩绘，通过橱门的彩绘使衣橱更具立体感。带有绘画的大橱如同立体的落地屏风，成为内房重要的兼具实用和装饰功能的朱金家具，与大床相呼应，使内房有了主题景观。

箱笼上的绘画。板箱门面上的绘画，正面以戏剧人物为主，两侧绘有花鸟虫草。由于板箱使用频繁，画面常有磨损，有些画面模糊不清。常见箱笼正面有铜制的锁面或者拉手，绘画在两侧，铜饰在中间，绘画虽然被铜饰打破，但把铜饰巧妙地融进画面布

局，更加有趣味性。板箱上的绘画，由于板面宽，人物形态夸张，神情尤其生动。

圆桶和八角桶上的绘画。圆桶和八角桶上的彩绘以白底五色粉彩为主，圆桶和八角桶不仅桶身上有开光的画面，桶盖也会有彩绘，只是由于桶盖活动时会磨损彩画，很难看清楚。还有一种敞口的画桶，是台州以南地区专门放棉被用的被桶，六角六边，每边各绘人物或花鸟的粉底彩画，是有实用价值的器具。

果盘里的绘画。果盘虽然是实用器物，装水果、花生、瓜子等，居家用或待客用，形制上却丰富多彩，绘画上更是被当成画盘来创作。果盘绘画以开光构图，题材有人物、花鸟、虫草、景物，人物有戏剧人物，也有居家生活情景。果盘底部开光，沿边衬托并加上边饰，使盘心主题更加突出。

多数果盘以朱地勾漆描金绘画，也有粉底五色彩绘。由于果盘小巧玲珑，可以单独挂壁欣赏，匠师更愿意在果盘上下功夫。果盘有精细的主题描绘，会用心勾勒边饰，使边饰繁花似锦。

清式多角朱漆描金盘

清式多角朱漆描金盘

4. 朱金家具中的木雕及工艺流程

（1）朱金家具中的木雕

中国古代木雕有"徽州木雕""东阳木雕""宁波朱金木雕"和"潮州木雕"等流派。朱金家具中的木雕以朱金木雕和东阳木雕为主。

有些朱金家具全部由木作完成，不需要雕作，木作完成后直接打磨上漆，但多数朱金家具需要局部雕作。雕作亦称雕花匠，专门从事木雕刻。雕刻是朱金家具重要的装饰。

雕工完成后由木作组装，组装后打磨上漆。有的地区漆和雕由同门匠作完成，但往往会专此弱彼，故有些地区会将雕作和漆作分开。

床。以朱金家具中的婚床为例，四面满工木雕装饰，通体髹满朱漆，床前杠下壶门上浅刻缠枝莲纹，八脚雕狮面狮爪纹，低屏三围木作、雕作和漆作双面做工，有些前帐满工透雕吉祥图案，开光结子人物。整床远观宽敞大气，近看木雕细腻精致。

有些朱金架子床的床脚雕刻成兽面鹰爪，意让猛兽、猛禽背负整个大床，使架子床充满动感和神秘色彩，有威仪之感。弥漫着喜庆气氛的朱金家具上有了威猛霸气的飞禽走兽，增强了家具本身的阳刚气息，也使柔美的内房变得灵动起来。

橱。以清式朱金垂花红橱为例，在朱漆素面上首眉檐上有七道透雕罩檐，左右两道垂带，和中间的刻花铜镜形成主要装饰。罩檐上雕刻四美人物，卷草龙纹、凤纹，缠枝花卉等吉祥图案，垂带由泥灰堆塑。开光盘子中塑"和合二仙""刘海戏蟾"图案。一对垂鱼福庆吉祥，流苏垂长，极尽吉祥。

另一件朱金木雕四门橱，面宽橱高，四条屏式门面分四段剔地浅刻古代四爱人物和花鸟图案，朱地金饰，绚烂华美。所刻题材分别是陶渊明爱菊、王羲之爱鹅、周敦颐爱莲、林和靖爱梅。尤其是门檐上一对转轴门承，立体圆雕刘海戏蟾，人物袒胸裸足，弓背弯腰，肩上背着金蟾，生动灵活，是大橱的点睛之笔。大橱四条长门，如立体的木雕屏风一般。

清式朱金木雕小姐椅

桌。以明式的朱漆束腰书桌为例，腰带上下两条精细的阳线，溜臀与四腿之间呈大挖角弧度，罗锅枨上四面六只卧蚕纹朱金结子，四腿由上而下渐收细，显得轻巧。这些线条、委角、牙角的弧线也都须木雕。

椅。以朱金家具中的一件圈椅为例，后腿雕美鹿一对，鹿脚下前倾，形成优美的联帮棍。扶手下刻鱼化龙木雕一对，倒挂回首，椅背面开光浮雕教子图，男孩似在方便，亦是多子多孙的讨彩之举。椅子束腰处透雕枝叶，浮雕连绵不断，溜臀处刻蝙蝠蔓枝纹。整椅雕饰华美，朱漆艳丽，富贵之气扑面而来。

另一件小姐椅，搭脑二出头，出头处微微上扬，后腿上段起圆料，细长中见秀美。椅背板开光浅浮雕教子图，座下壶门透雕华丽。木雕成了椅子重要的装饰手段。

桶。提桶多数是鼓腹、束腰，宁波的圆甩桶，提梁柱与桶体一木连做，简约且线条优雅。绍兴的提梁桶提把上大多雕刻凤凰牡丹图，凤首和牡丹透雕，凤尾随提手向上浮雕，巧妙地把功能与装饰融于一体。和合桶上雕刻和合二仙，仙子生动活泼。提桶造型追求上下比例协调，虚实相间，既有饱满协调的桶体，又有空灵的提把。

金华地区的提桶常见扁形，盖呈凸面，盖面上浅雕花鸟图案。与桶体一木连做的桶圆柱挺拔，柱头上雕一对双目相望的公母狮子。有些提桶提梁上透雕一对松鼠，提手呈如意造型，意为开花结果，早生贵子，喜庆吉祥。

杭州篮。杭州篮呈八角八边形体，独板挖制的篮盖上有二道线纹的梯形开光，浅雕暗八仙图案。暗八仙是八仙手里的法器，分别是芭蕉扇、渔鼓、花篮、葫芦、玉板、宝剑、笛子、荷花。

篮子中间设八角竹节边线开光，二道八角阳起线条内浅刻荷花、盒子、蝙蝠，意为和和合合，幸福美满。篮盖满工雕饰，线条细巧，繁而不乱。篮体素漆不饰，与盖子形成繁素对比。

江南地区良好的经济基础、文化底蕴，使这一地区的朱金家具装饰达到了前所未有的精致程度。一件优秀的朱金大床，制作时所付出的工时，一半以上在雕刻。雕刻时极尽技艺，人物、山水、花鸟、鱼虫、亭台楼阁，无所不精。满屋的朱金家具多数是木雕艺术品，直把人们居住的生活空间变成木雕艺术的殿堂。

（2）朱金家具木雕的工艺流程

木雕的工艺。朱金家具制作注重木材的选择，由于古代交通条件和运输工具的限制，多数就地取材，以质地紧密、细腻、无结、无色、不易开裂、不变形的木料为上乘。木质要易于走刀，横直纹理尽可能一致，打磨后皮表有坚硬质感，成品后不易虫蛀。在长期经验积累的基础上形成共识，朱金家具选用的木料主要是楠木、银杏木、樟木等少数本地优秀木材，也有通过长江水运和海运而来的川楠和闽楠。

木雕和泥塑不同，木雕是切凿多余的木料，留下需要的构图，是做减法，因此必须小心雕削，必须胸有成竹，否则难以补救。而泥塑则是可加可减，反复雕塑。木雕如同毛笔在宣纸上落墨，无法反悔，故必须强调刀法转折，如同国画之笔墨，书法之笔法。

朱金家具中的木雕以浮雕、透雕和圆雕为主。浮雕把画压缩在一定的厚度上，又分深浮雕和浅浮雕。透雕是将木板锯空或雕空后留下图案部分再雕刻的表现形式。

浮雕需要剔去多余木料，建立平整的底面，留下阳起画面，形成匠人想象中的人物、花鸟、山水、虫草、亭台楼阁等图案。剔地深的称深浮雕，其深度是指阳起的高度，也

清式朱金床上的围屏格子（局部）

指剔底的深度，是常见的雕刻形式。剔地浅的叫浅浮雕、薄意雕法。浅浮雕看上去简单，实则不易。要在有限的深度中表现透视效果，把透视按准确比例压缩在极浅的阳起高度上，要准确地把握物体的透视和比例，越浅越难。事实上，初学者或技艺一般的匠师不能也无法用浅浮雕的手法施雕。浮雕工序中的剔地是木雕重要的技术，底子平整是浮雕技艺的基本要求。底子用平刀铲平，看似简单地剔去多余的木料，留下要表现的物体和画意，但要保证底子在同一水平面上，实际相当困难。因此，一般学徒首先要学会剔底，剔底平整了，基本功也就到位了。一般需一年以上才能初步掌握剔底技巧。因此人们批评一件浮雕作品时，常会说"底子都不平"。底子平整是浮雕技艺的基础，是一件优秀的浮雕必须具备的要素之一。

透雕是指雕空或用钢丝锯锯空图案多余的坯料。其实留下的图案部分还是要用浮雕的形式雕刻，需用透雕和浮雕相结合。门窗木雕有浮雕、透雕和阴雕等几种表现形式，从目前遗存的实物上看，在明清数百年间，这几种表现形式的技艺和表现手法是一脉相承的。

圆雕，一般需深雕、镂雕，可从三面或四面视角看，是立体的雕塑。木雕的制作和使用的刀具有密切关系，工匠使用的雕凿主要有斜口凿、平口凿、圆凿、中钢凿、弧形凿、针凿等，同时使用棒槌、靠垫木等工具，采用敲、铲、剔、镂、锯、刻、压、点等雕刻手法。

敲，是用棒槌敲打有柄的钢凿，使钢凿在木板上留下印痕，或者把多余的较粗的木料直接敲打后剥离木料，大多用于坯料的制作上。

铲，是手握木柄钢刀，用手臂和手腕的力量铲除多余的木料。

剔，是用平凿把底子剔成同一水平。

镂，是挖空、镂透多余的木料，是透雕的手法。

锯，是用钢丝锯切空，留下需要的部分，专用于透雕。

刻，是较轻地修饰，或在精细部分轻轻施刀。

压，指压印极细巧的纹饰。

点，是用针刀点刻眉目、发须等更细的点迹。

朱金木雕首先要雕刻师度样，在木匠刨平的木板或牙角上画上要雕刻的图案，有的也由匠师创作。再按图用棒槌敲打凿子，印刻要保留或铲去木料的过渡边线，剔去多余的木料。利用不同的刀凿，由粗而细，循序渐进，直至雕刻完成。木雕追求刀法的运用，落刀如同落墨，不作打磨的，称"刀板工艺"。另一种是雕刻后需要打磨的，称"打磨工艺"。打磨在古代是件不容易的事，要用木贼草或乌贼骨轻磨雕板，使棱角、毛刺消失，手感圆润后再上漆，上一次漆必须再打磨一遍，如此反复数次，才算完工。即便是看上去极薄的清水木雕，也需数次上漆

明式朱金椅背上的寿纹木雕

和打磨才能完成。

朱金家具的明式木雕，刀法比较简单，刀具种类也不丰富。从现存实物的刀痕中可知，平口凿是主要的刀具，圆口凿亦较常见。敲打是切削粗坯最基本的手法，铲刻是最主要的运刀技艺，单刀雕刻是最常用的刀法。明式木雕不见平底阳起的表现技法，但常见在底子上浅刻图案，看上去似织锦垫底，繁花衬托阳起的主题图案。随着刀具的创新和发展，雕刻技法进一步提高，从实物中可以看出，平口凿依然是当时常用的刀具。平口凿的运用是雕刻重要的技术，平口凿不仅用于剔底，还用来左右单刀刻阴线、刻阳纹。同时可看到，弧口凿有大大小小不同的使用底迹，因此可以了解当时已有许多种弧口凿用以刻制弧形的线条，切凿弧形的图案。

为了适应多样的题材，工匠的雕刻技艺也发生了变化。首先是改良雕刻工具，以适应雕凿品种的增多。如剔地用的平底刀，这是以前不需要的；如三角凿，也不见明代和清早期使用过。这种一刀起阴线、两头均见鼠尾状刀痕的刀具，无法使线条两侧变化出丰富的深浅层次，无法建立画意需要的准确线条，也无法表现准确的透视和造型。但是，三角凿比单刀省工，因此在清中期后出现在较差的匠门里，是被同行批评的刀法和技艺。

朱金家具的木雕技艺还直接表现工匠的绘画能力和文化修养，有一定文化底蕴的工匠才能创作出经典的木雕作品。调查中发现，确有文人由于家道败落，"沦落"为匠人，但也有热爱"雕虫小技"的秀才、举人。这些具有艺术修养的读书人创作了许多好作品，使朱金家具的木雕有了文人士大夫的审美意趣。同时，在谋生和施艺过程中，工匠经常与有艺术素养的业主交流，逐渐提高了对美的认识。经年累月刻苦努力，有些工匠也会成为有一定素养的文化人，诗画皆通，木雕与绘画也能相互借鉴。于是，朱金家具的木雕技艺逐渐提高。

遗憾的是，在遗存的精美的江南明清朱金家具代表作上，无法找到设计师和主创工匠的名字，而他们明明创造了这些艺术成果。

在比较研究中发现，大量遗存的朱金家具木雕作品，不仅反映了不同地域的匠门技艺流派特征、不同年代特有的风格，而且反映了师徒承传的演变过程。

　　工匠是专门的职业，技艺水平不仅决定其名声，更是谋生的手段。在激烈的竞争中，匠门中匠主的技艺决定了这门匠人承接木作的档次和业务量。技艺和谋生始终联系在一起。

清式女红小件

三、朱金家具与婚俗和女性

1. 朱金家具与十里红妆婚俗

北宋衰落，异族铁蹄踏破河山，大批北宋士族和遗民南迁。随着南宋迁都临安，江南地区得到长足发展，成为经济、文化的中心，但好景不长。由于元代崇武而治，强权、奴役、掠夺，造成了江南沿海地区民生多艰。

明朝建立以后，汉族复兴，江南沿海地区政治稳定、经济发达，读书人地位重新确立，成为帝国重要的繁华之地。两百多年后，清军入关，康熙帝实行海禁，东南沿海又成了抵抗异族的沙场。由于清朝政权与南明余部拉锯，以及清初海禁使沿海地区成了无人烟的战场，严重影响沿海人民的生息。凡此近半个世纪，在清代初年其他地区经济复苏的形势下，江南沿海错失发展的机遇。

清代中期，江南经济复苏，人们营建房屋制作家具，改善生活，促进了家具制作技艺的提高。清代晚期，江南沿海地区打击海盗和走私，巩固沿海海防，保障海关税收，有了几百年不曾有过的休养生息的外部环境。鸦片战争后，上海从一个小镇成了著名的商埠，宁波、温州、台州、定海也成了清代重要的港口。由于社会经济繁荣，十里红妆婚俗在清中晚期盛行。朱金家具作为婚俗中重要的载体，在这个时期也有了空前的发展。

婚床是朱金家具中体量最大的家具，多由男方准备，也有随女方出嫁的。婚床夹柱上可见对联"寝兴常怀鸣人器，琴瑟须调麟趾歌"，"意美情欢鱼得水，声和气合凤求凰"，床水口上常见"桃源洞"匾额，这些联句充满情趣。江南地区的民间婚俗，是民俗的重要内容。

嫁妆以朱金家具和器物为主，是内房实用的存设，也是从娘家带来的财富。富家大户的嫁妆会囊括一切日用物品，从生活器具到衣服鞋帽，包括新郎和未来小孩的四季衣衫等，还有孝敬公婆、男方长辈的鞋帽等物，可谓应有尽有。

清式朱金木雕梳妆台线描图

清式朱金木雕梳妆台

父母会在红妆中的各式木桶、瓷瓶里装满各种果实和种子，祈求女儿婚后早生贵子。而结婚仪式中需要的和气食、红鸡蛋、花生糖、花色糕，也都在朱金桶里放着，并在出嫁时陪嫁。

朱金架子床也叫小姐床，是闺房里的主要家具，架子床小巧玲珑。床前帐上雕刻或绘画着不同的民间传说。雅美的架子床是小姐自信的来源，也使传统女子生出许多儿女情长的梦思。

婚房内有一种叫"美女床"的小巧矮床，如同长长的承托，也称春宫床，四面都精工细作，天然白藤编织的床面，床牙曲折婉转，设计巧妙。春凳是简化后的春宫床，但比春宫床更加精致，更小巧灵活。和春宫床比较，春凳实物存世较多。

美女床和春凳是嫁妆中富有浪漫情趣的朱金家具，床上的角牙曲折婉转。在追求多子多孙多福的传统社会中，床具作为重要的嫁妆，其图饰并不回避风花雪月的内房生活。

嫁妆中大橱有明式串线橱、清式红橱、马桶橱和床前橱。大橱和小橱主要是储物的，但制作时也在造型和装饰上追求精美。串线橱三面通透，上小下大，稳健而空灵。红橱罩檐多的有五六道，很有仪式感。橱门上铜镜镀银，当时可以照出人面。

桌子有房前桌、绣花桌等。房前桌在房间窗前存放，也称窗下桌。家具实例中可见，桌后背和角花上有暗抽斗，设计巧妙。绣花桌抽斗很大，便于置放绣架上未完成的绣件。

椅子是婚房内最常见的品种。小姐椅矮于其他椅子，侧面有一个小抽斗，专门放金莲小鞋，这是隐私，所以隐藏在椅子底下。两出头明式小姐椅没有抽斗，刻龙凤图案，

清式束腰暗抽斗房前桌

灵巧雅美。小圈椅的尺寸小巧，正是女性适用的椅子，男士不能用，这是俗成的规矩。

婚房内还有一种微型家具——洗脚方凳。高度只有30厘米左右，也有一个小抽斗，是朱金家具中较小的器物，做工精细，十分可爱。

鼓凳具有内房情趣，是女性专属的坐具，既可坐人，又可藏物。古代仕女画中总能见到坐在鼓凳上的美女形象。

衣架是挂摆衣服鞋帽的架子，是婚房中存设效果较好的品种之一，工匠们会不惜工本雕刻装饰。

宁绍一带把各式圆木器皿称为桶。这些生活在唐宋越窑瓷器分布地域的古越"遗民"，在木制圆桶的制作中传承着越窑瓷器的造型风格和装饰手法，真可谓"千年一脉，遗风依然"。它们或雕或素，或瘦或肥，谱就了桶的美妙乐章。

（上）明式朱漆钱纹牛皮箱
（下）清式朱金刻皮钱纹枕箱

　　笼和箱是内房中盛放衣服、棉被的专用朱金家具。箱的品种非常丰富，有皮箱、衣箱、枕箱等。长方形的大箱描金着彩，木料以樟木为主，可以防虫蛀。皮箱有刻花、压花、贴花、堆塑等工艺装饰。那些内外两层都是牛皮的箱笼，需要一整头牛的牛皮。

　　朱金器具中的盒子琳琅满目，有帖盒、首饰盒等。帖盒用于存放婚前男女两家往来信札，上面饰"和合二仙""五子登科"等图案。首饰盒有大有小，形式各异，也称百宝箱。有的首饰盒内有许多隐藏的储物空间，藏物安全，使用时又别有趣味。

　　宁波地区流行的梳妆台台面四角有四个狮子望柱，下设抽斗，存放梳妆器具，镜子便放于狮子望柱中间。台州地区的则是一张缩小了的床，床面打开是装梳头器具的箱子，而床底下横藏一个抽斗，很有特色。

　　绍兴地区的梳头桶，桶上有提梁，提梁可以单边放倒，但不可以往后倒，因为后面得有靠山。提梁上雕刻"和合二仙"人物，上面便是放镜子的支架，构思巧妙。

　　嫁妆中，马桶相当重要，要先到达男家。天亮前，新娘的小叔子或小堂叔从女家挑马桶去男家，以合早生贵子吉兆。传统社会中，民间认为马桶是神圣之物，维系生育大事，小叔子是新娘娘家的代表，由他挑马桶是约定俗成的做法。马桶也称子孙桶，或正圆，或如鸭蛋，鲜红如血，用朱砂漆，被认为是子孙投胎的神圣器物。

朱金器物中的油灯盏也是结婚时的重要礼器。"灯"表示"丁"，意即男丁，是嫁妆中是必不可少的，更何况灯还是传统社会日常照明的器物。朱金器物中的清油灯架有铜质灯盏，灯盏下一个圆盘接灯芯灰，器型极具美感。

朱金家具中的火盆架和铜火炉也是必不可少的。香火延续、子孙不断是自古以来人类最重要的祈求，火炉架、火炉、火盆都是讨彩的吉祥物。目前留存不多的火炉架上的铜制火盆，也是冬天用炭火取暖的实用器具。

缠脚为何一定要有个架子？是的，即便不用精美的缠脚架，也可以将脚压在凳子上或桌子上缠脚。但因为在古代缠脚是大事，不能随便，需要有个架子，恰如睡觉要有张床，而且要有个精工细作的雕床，这样才能显示出主人的尊严和高贵，显示"三寸金莲"的地位。而缠脚架便是炫耀女子三寸金莲的明证，自然会作为重要的嫁妆出现，因而也就需要精工细作。

花轿是十里红妆婚俗场面的主题，最能体现新娘的身份和地位。花轿选材要求坚实又轻便，一般选用樟木、杏木制作，雕刻的题材多是"金龙彩凤""麒麟送子"等吉祥如意的内容。花轿也是朱地金饰，雕刻奢华，但花轿是嫁女时专用的礼器，不能算朱金家具。

杠箱是朱金家具中存放运送贵重物品的抬箱，也是显排场的奢华礼器物品，少数大户人家会给女儿当嫁妆送去，成为家具的一部分。

银箱是嫁妆中最引人注目的，直接显示娘家的财富，但事实上不可能会有整担满箱的白银陪嫁，这么大的箱子也挑不动。因为它是礼器，主要是造声势。

酒是结婚时宴请宾朋最重要的饮品，嫁妆中的酒担，能突出酒坛的品质，和酒坛里醇香的美酒同样重要，朱金器具中的酒坛是桶中难得的礼器。

朱金家具中这些充满仪式感的器物，不仅是结婚时的礼器，也是平日生活的需要，或者是两者的完美结合，实现了礼俗生活化、生活礼俗化。

2.朱金家具的装饰题材

（1）龙凤及吉祥题材

朱金家具装饰中，目前还没有发现宗教题材。家具是世俗的，宗教高于生活、超越生活。何况朱金家具是婚嫁器物和内房家具，避免宗教题材也就理所当然，但民俗信仰依然是朱金家具主要的装饰题材。

朱金家具的装饰主要是木雕、绘画和铜饰。

在民间建筑和家具上雕龙绘凤是不允许的，因而有了卷尾草龙、拐子龙等变体图案，但朱金家具装饰中却可以见到完整的龙凤形象。传说宋代康王赵构被金兵追，逃到浙江东南一带，被一位在晒谷场上晒谷的村姑用箩筐盖住相救，康王感其救命之恩，承诺："等政权稳定，我要用公主的待遇接你到皇宫享受富贵。"半年后，康王定都临安，寻找村姑，约定家门口挂上肚兜，谁知村里有女儿家的门口都挂上了肚兜。康王寻不着救命恩人，便下了道圣旨：东南女子尽封王，出嫁时都享受公主的待遇，可以在嫁妆上雕龙绘凤，可以有半副六銮驾的仪式。自此，东南嫁妆器物上雕龙绘凤，极尽奢华，逐渐形成了独特的朱金家具装饰。

无论在木雕上还是在绘画中，龙凤题材都是变体的龙凤团，或是卷草龙凤尾巴，或是抽象的龙凤团，朱金家具中虽常见抽象的龙纹和凤纹，却也有具象的呈现。婚床上龙凤图案主要是人物开光，盘子外透雕龙纹，或圆角方形，或方角圆形，四角龙纹开光构成模板雕刻的雕面。而朱金椅子上的龙凤图案常见于座下壸门上首的浮

清式朱金提桶和朱金沐浴桶上的木雕

雕图案或卷尾草龙。

朱金家具中，衣架两头刻龙头或凤头，称龙门衣架或凤门衣架，使衣架形成整体呼应，架身便成了龙身或凤身；面盆架的梁架二头收口上、提桶的提手和桶体接合处刻龙头。常见是两头双龙或双凤凰回首，互相呼和，所刻龙首、牛目、羊角、牛嘴、龙身、龙尾、龙爪不虚不掩，完整呈现。凤凰形象也整全完美，龙凤呈祥，美好吉祥。

朱金家具装饰里的神仙形象主要来自八仙、"和合二仙"、"刘海戏金蟾"等题材。人们在生活中若遇到不如意，便把希望寄托于神灵，因此，民间信仰中的神仙自然成为吉祥美好的化身。

八仙分别是张果老、吕洞宾、韩湘子、何仙姑、铁拐李、汉钟离、曹国舅与蓝采和。他们代表了社会中不同阶层的人物，有当官的，也有乞讨的，有男有女。匠师画好或雕好八仙人物，就掌握了不同人物的施艺技巧。

和合二仙传说是唐代僧人寒山和拾得的化身，说唐代高僧寒山少年时拾了个男孩，取名拾得。寒山在荒年中把他抚养成人，并与拾得相依为命。寒山与拾得与人为善，虽

清式朱漆暗八仙纹杭州篮

苦，亦乐于布施穷人，成为众人和合互助、和合处世的典范，承载了以和为贵、婚姻和合的美好愿望。朱金家具雕刻和绘画中的和合二仙，寒山手捧和盒，拾得手持荷花，二仙相对而笑，欢喜、喜悦之心露于外亦藏于内，充满吉祥的意味。

刘海戏蟾来自传说，五代名士刘操得纯阳子点化而悟，散尽钱财，进山修行得道，他是民间信仰里的财神化身。刘海所戏的金蟾为三条腿的蟾蜍。古人认为，金蟾也称"钱"，是古代的一种神物。刘海戏金蟾常与和合二仙搭配，称为"四仙"。

朱金家具的雕刻中，祈求健康长寿的题材很常见，有郭子仪拜寿、麻姑献寿、五女拜寿等内容。而内房中，主要是祈求子孙延绵不断。床前帐的水口上，男童们放炮仗、舞狮子、翻跟斗、耍杂技，或骑马练武、刀枪对打，既是喜庆热闹的童戏，也表达了多子多孙的祈求。

朱金家具木雕中的博古图案中可见花瓶，象征平安，插上了四季花卉，自然成了四季平安。桃、梅、李、荔枝、桂圆、葡萄、佛手等，既是果，也是籽，寓意多子多孙。记录民俗风情的舞狮子、闹元宵等民间喜庆活动能勾起人们欢乐的回忆，匠师把这种欢乐的情景凝固在家具上，时刻共享快乐时光，同时也为传承和传播民俗风情留下了印记。

朱金家具装饰中常见祈求加官晋爵、五子登科、状元及第等激励男儿积极上进的主题。在科举取士的传统社会中，富家大户的男子无须农耕劳作，而是从小读习四书五经，只为求取功名。功成名就、光宗耀祖自然是人们的美好愿望。

在题材上，朱金家具木雕和绘画始终以喜庆吉祥为主。边饰上常见用变异的绳结和龙纹构成开光，鲜红底色和绚美的朱金色料中，无不体现吉祥美好的气氛。这些鲜艳的颜色在内房里的烛光下五彩斑斓，使古代木结构建筑中追求的"明堂暗房"里的内房，显得神秘而梦幻，也使内房生活充满吉祥美好。

戏剧故事情节中，常见祈求子孙延绵的图案配饰。画面开光的外边常饰以一根藤线条和万字纹，寓意子孙万代，绵绵不断。在勾漆描金画中，常见童子，手提长柄宝戟，意为"平升三级"，而手捧"宝书"，则是"诗书传家"的寓意。勾漆描金画中常见的还有仗、剑等道具，象征权力和高贵。另外也常见吹笙或吹笛，吹笙、吹笛是爱情的前奏，笙则是生育的意思。这种民间乐器象征对爱情和生育的美好愿望。还常见《西厢记》中的场面，张生翻墙折柳，而红娘和莺莺在墙内等待。

　　木雕和绘画中，男子手提弓箭，而边上必会有他意中的女子，还有一个年长的婆婆，这也是爱情的象征。年长者是媒人，而弓箭却是爱情之箭，开弓没有回头箭，表示对爱情的忠诚，这在传统社会中显得尤为珍贵，毕竟当时人们要求女子爱情要忠贞，对男人却没有具体忠诚的要求。

　　朱金家具装饰中的龙凤、麒麟、狮子、鹿、鹤、鸡、蝠、鱼等动物也各有寓意。龙凤本是传说中的神异动物，分别代表男女，象征皇权的至尊和高贵，也寓意夫妻的结合，龙凤呈祥。麒麟也是神话中的圣物，代表了男子的强壮，武将的威仪。狮子象征喜庆，太狮、少狮代表高贵的父子。鹿寓意高官厚禄，也寓意快乐。鹤代表长寿；鱼表示结余，年年有余；蝙蝠象征幸福；鸡寓意吉祥。动物有吉祥属性，植物也有吉祥寓意。牡丹寓富贵，松树寓高寿，菊花寓延年，桐木寓爱情，石榴寓多子多孙，等等。这些民俗范畴里吉祥的动植物题材，在朱金家具装饰中得到充分表现，渲染了气氛，使内房充满喜悦和祥瑞气息。

明式朱金床前雕版

（2）戏剧人物

戏剧艺术由服饰艺术、美声艺术、舞蹈艺术等组成，是多种艺术形式结合的传统艺术表演。戏剧艺术在江南沿海地区有着悠久而丰厚的历史积淀，这里至今仍遗存了许多古戏台。古戏台同宗祠建筑连成一体，既是祭祀祖先的场所，也是村族聚集看戏和社交的公共活动空间。逢年过节，村村有戏班子表演地方戏。戏剧成为传播历史故事、弘扬道义的教育载体，也是朱金家具木雕和绘画的重要题材之一。

江南沿海地区，民间戏剧剧种丰富，有宁波的甬剧，绍兴的越剧、绍剧，宁海的平调，黄岩的乱弹等。江南有"十里不同风，百里不同剧"的现象。虽然唱腔和韵味不同，道白和土语不同，但无论什么戏剧剧种，在江南，剧情都是大同小异。

江南沿海村落中几乎是大村必有戏班，小村亦有乐团，三五村便能合演一台戏。这些戏班大多是村民的自娱，农闲时节聚演或互演，是传统社会中重要的文艺活动。这种自发的文艺生活，促进了演艺的提高和改良，逐渐形成不同的流派，江南民间戏剧在清末达到了空前的繁荣。在朱金家具木雕和绘画中，有许多戏剧人物，艺术效果出神入化。如人们熟知的《三国演义》中刘、关、张的形象和关于他们的历史故事；《西厢记》中张生和崔莺莺的浪漫爱情；《岳飞传》中岳飞的侠胆豪情。这些人物故事不仅是视觉的享受，更具有社会教育意义，成为滋养民族精神的文化载体。

戏剧有文戏、武戏之分，文戏言情，武戏宣扬忠义和尚武保国的精神，还有亦文亦武的大戏。朱金家具绘画木雕中也有文戏、武戏之分。

《牡丹亭》中优雅的词曲、柔美的言语："不到园林，怎知春色如许？""翠生生出落的裙衫儿茜，艳晶晶花簪八宝钿"多么光彩照人啊！杜丽娘说："一生儿爱好是天然。"戏剧追求纤丽之美、自然之美，在朱金家具木雕和绘画中，匠师如实刻画剧中的人物形象，还原舞台上的灵动和传神。舞台表达的内容，是当时人们津津乐道的故事，传播的戏剧故事，也是当时社会生活的一部分，朱金家具中的木雕和绘画是把舞台上的人物造型定格在家具上。

　　"朝飞暮卷，云霞翠轩，雨丝风片，烟波画船。锦屏人忒看的这韶光贱。""韶光贱"三个字，把时光消逝、春光流走的悲春情绪表达得淋漓尽致；而朝飞暮卷、烟波画船等词句是对春光美好的赞誉。都说诗书画相通，家具木雕和绘画上的戏曲人物形象无论是形态、服饰、神情还是藏在背后的意念，当然有一致的追求。思春、悲秋题材源于戏剧，凝固在画里，既是女子的感受，也是男人惜春和怜春的普遍情绪。这种情感成为朱金家具木雕和绘画的主题，自然也融入了人们的现实生活。

明　陈洪绶　《西厢记》真本图册

清　孙温　《红楼梦》林黛玉重建桃花社

　　戏剧中定格的画面，是男儿情怀的直接写照。柳梦梅长袖掀起，低眉回首，动态的步法凝固在绘画中，动态美与静态美无缝对接，成为凝固的瞬间。剧中张生依着柳枝翻墙与莺莺相会，虽然已经失去了书生的体面，却成为凤求凰的美谈，广为流传。无论戏剧的结局如何，美的故事情节，通过戏剧服饰道具的衬托、演员夸张的情感演绎以及民乐声乐的渲染、视觉的烘托，把听觉的美妙、故事情节的联想，凝聚在观众身上。而匠师用自己的雕刻和绘画，把戏剧最动人的一幕，记录在家具中。

　　从朱金家具的木雕和绘画中可以发现，匠师不仅能够模仿戏剧人物的服饰道具和脸谱设计以及形象构建，而且能够准确地领悟生、旦、净、末、丑的神情韵味。对不同人物个性化形象的静态描绘，也是人物画至关重要的追求。人物神情对剧情中人物形象的再创作，如同戏剧中的演员演戏一样，匠师在朱金家具的施艺实践中画活了人物。

戏剧人物画面中，男生鞋子高底宽面，而女旦则是三寸金莲。传统匠师刻意把男女的鞋子雕或画成一大一小，故意放大男生的靴子，有意缩小旦的三寸金莲，形成强烈的反差，用对比的手法冲击视觉。同时，对男女爱情情节的描绘，有时也会超越戏剧舞台上的形式，融入内房生活。在塑造戏剧人物形体时，匠师捕捉了戏剧表演中具有雕塑美和舞蹈美的瞬间，准确地把画面固定在家具上。天真直率的笔墨线条和纯洁无瑕的原色，构成简约明快的画面。匠师们虽然没有高深的理论，但有师传的雕刻和绘画技巧，对协调颜色、突出人物个性都很有心得。

仅知戏剧人物中的才子佳人，难以判定何种剧目、是何角色。因为古代戏剧人物形象仅限于生、旦等角设定，服饰、道具和动作难分哪个是《红楼梦》中的林黛玉，哪个是《西厢记》中的崔莺莺，她们穿着同一套旦装，由同一个人演出，行同一套戏步动作，仅仅是唱词不同而已。而在画里，一没听见唱词，二没题写剧名，对戏剧人物妄下结论，恐会误定。

（3）历史故事

朱金家具木雕和绘画中有丰富的历史故事和人物。这些人物或是正史中记载的英雄，或是历史题材小说中的人物，也有盛传的民间故事中的人物。尤其是人们津津乐道的野史中的故事，情节生动活泼，传播广泛。

传统社会中，文化通过建筑和家具上的木雕和绘画传播，通过民间口口相传，有形和无形地世代相传。虽然史料在传播过程中会出现不尽相同的细节，但与家具中描绘和雕刻的画面基本相同，并不影响人们对题材、

明式朱金木雕油灯架

对故事的认知。

从实物上可见,一件床前帐落地大板上雕的是《绣像三国演义》中"赵云救主"时打斗的场面,在床前帐水口两侧雕刻的是《西厢记》里张生翻墙会莺莺的浪漫情景,而水口中间又雕刻了五子登科的题材。由此可见,在朱金家具中,同一家具上不一定有连续的连环画式的故事情节安排,而是随意选取不同题材的场景。

大橱橱门上可以看到系统安排的题材,或渔樵耕读四幅,或唐人四诗家,或宋人四文豪,虽然在故事上并不连贯,但历史人物故事有系统性和连续性。

朱金家具装饰也是传播历史知识、了解历史人物的重要载体。人们可以从"周文王访贤"中知道周朝,从"三顾茅庐"中了解三国,从"高力士脱靴"中认识唐代,从"岳母刺字"中认识宋代。人们不一定知道《绣像三国演义》整部小说的内容,但对于画面上的"桃园三结义""关公送嫂""三英战吕布"等重要情节却能知道大概。这些家具的木雕和绘画成了历史"教科书"。

被津津乐道的历史事件还有薛仁贵征战的忠勇事迹。薛仁贵是唐朝名将,骁勇善骑射,唐军攻高丽,阻击援军时,他身着白衣奋战获胜。朱金家具装饰中可见"旨奉大唐"等旗帜,就是薛仁贵的故事。

《水浒传》中有"醉打蒋门神""三打祝家庄",虽然是小说内容,但民间却相信这是发生过的历史,而且坚信不疑。安史之乱时,郭子仪多次率军平叛,"贼来则守,贼去则追,昼扬其兵,夕袭其幕",屡屡获胜,最终收复长安和洛阳二京,唐肃宗有"虽吾之家园,实由卿再造"之赞誉。由于郭子仪寿高八十五岁,子孙满堂,朱金家具的雕刻和绘画中常见给郭子仪拜寿的画面。

唐诗宋词的意境也是朱金家具装饰常用的题材,"牧童遥指杏花村"等诗句呈现的意境,给家具增加了文秀气息。此外,还有表现文人雅士的"和靖咏梅""渊明好菊""茂叔喜莲""羲之饲鹅",以及"太白醉酒""米芾拜石"等历史人物故事。

朱金家具装饰人物中卷发披散,身着异装,手持西域象牙、珊瑚、沉香等宝物的《八

明式朱金床遮枕雕板菊花图

蛮进宝图》，被民间认为是财富的象征。"八蛮进宝"也是汉唐盛世时长安城里接纳八
方来朝的历史见证。

历史人物故事中，多源自传说野史、小说情节，乃至古老的神话。而对历史的关注，
多三国和唐宋的忠臣良将，明清两代的历史故事在民间似乎有所禁忌，而内容也限于忠
于国家、大义无私的忠臣良将，以及人们世代称颂的爱情故事。

3. 朱金家具的女性特质

（1）朱金家具也是内房家具

朱金家具，也称内房家具、红妆家具，集中了小木作、雕作、漆作、画作和铜作等匠门，运用榫卯结构、雕刻、绘画和箍桶等工艺技法，使用黄金、朱砂、青金石、水银、黛粉、琉璃、贝壳、生漆等天然名贵材料。这些来自大自然的材料和色料数百年不变色，越用越耐看，百年过后，鲜丽的色彩上会形成一层古旧典雅的色泽，即古色。朱金家具烘托了婚嫁场面的喜庆吉祥、热烈奔放，也是女主人私人空间内特有的家具和器物。

朱金家具有女性和实用的特征。家具造型圆润而空灵，简约而委婉，线条变化富有女性韵律，鲜丽的色彩有女性特有的温情，洋溢着女性的美。朱金家具虽然用于内房，但仍然与时代风尚相呼应。从清初到清末，家具风格的发展经历了从简到繁的过程，与时代家具的风格相一致。

"一生做人，半世在床"。床是传宗接代的重要工具，当然要用隆重的仪式来开启制作。因此，旧时江南地区制作床时，主人和工匠要祭拜神灵，祈求多子多孙，香火不断。

尽管四合院有房门，中堂有堂门，房间有房门，但拔步床还要做两道纱帐，使床成为屋中之屋、房中之房，可见古人对隐私空间的重视。

在婚床的夹柱上雕刻多子多孙多福禄的题材十分多见，反映出人们对于传宗接代、子孙延绵不断的美

清式朱金木雕面盆架线描图

好愿望。在婚嫁器具的木雕和绘画中，"五子登科""百子闹春"的题材也常见。传统社会中男性是主人，女性是男性的附属品，还有"一男半女"的说法。这种重男轻女的观念在儒家思想里赤裸裸地传播，也在古代婚嫁礼俗中得到直接表现。

值得一提的是，传统社会中，内房是私密空间，除了丈夫外，大伯、小叔，甚至公公也是禁止入内的，夫妻在内房中可以浪漫无忌。因此，朱金家具作为内房家具，表达爱情，甚至直接雕画温情场景，就不难理解了。

（2）朱金家具与女子生活

朱金家具也称红妆器物，是女主人私人空间特有的家具，直接体现女性审美情趣，表现女性特质。

在朱金器物里，有用绚丽朱砂色料漆底、24K纯金点饰的缠脚架，上面刻着龙首或凤首，有的刻着蝠或鹿，中间有转轴，用于卷缠脚布；下面有架面，是专门用来缠脚的台子；台板下尚有小抽斗，用来存放剪刀等。这种缠脚架是传统女性缠脚时受刑的"手术台"。

小姐床的床檐、挂落、枕屏上雕刻或绘画着不同的民间传说或戏文中守节的故事，以期教化少女灵魂。床两边是大红柜、衣架。闺房内必备的沐浴桶叫"浴香桶"，分圆形和鸭蛋形两种，和现代浴缸一般大小，用圆木制作，依然是朱砂涂染，颜色鲜红。

清式朱金木雕缠足架线描图

闺房内有梳妆打扮用的镜箱，内存梳子和各式首饰。尤其是梳头的镜箱，各地有不同的式样和使用方式。皖南地区流行的是一面屏风，屏风前是镜台，台下设三个抽斗，用于存放首饰和梳妆用具。

大户人家的闺房里还有发篓。女子散落的头发是生命的组成部分，也是父母给予的精血。民间有传说，女子梳落的头发会被死去的母亲在阴间吞食，所以女子要将每天梳落的头发收集在发篓里，定期掩埋，以免母亲受累。头发又称青丝，和情丝有着紧密联系。"青丝璎珞结齐眉，可可年华十五时。窥面已知侬未嫁，鬟边犹见发双垂。"

清式竹编发篓

绣台是女红的重要工具。绣台有个特大抽斗，可以随时收藏未完成的绣品和绣架，以免绣品蒙尘。抽斗内用生漆夹灰布装饰，不见木板接缝，整洁而平滑，断不会损伤制作中的绣品。

大户人家的闺房里有一大一小两张绣花桌，不知是否是小姐和丫鬟分别使用还是随意共用。有的绣桌下有搁脚，

清式朱金木雕头梳盒

以便提脚将绣架托在腿上绣花。绣台并非只用于绣花，缝衣制鞋也在绣台上完成。

针盒、针夹、线板是绣花的主要器物。有针线盒做成缩小的木刻小鞋式样，有推盖。当时针是值钱的工具，由银铜合金锻制而成。

针夹是缝制鞋底或稍厚的皮料、布料时拔针专用的工具，做成小鸟或小鱼的样子，既是女红必备之物，拿在手上又是玩具。

线板是缠线专用的骨架，形状各异，雕刻的图案丰富多彩，有人物、花鸟、瓜果，捏在手上称心如意。线板上的图案会有许多喜庆吉祥的内容，工艺上有雕有画，有镶有嵌。

绣花时必须要有绣架。绣架由四根直料组成方架，由活动的榫卯连接。绣品固定在架上，两根绣架需要有重物绷拉挺紧，压绷石重量下垂，使绸布拉紧挺括，便可以一针一线地绣出图案了。

木雕麻丝架像小小的龙门衣架，朱金相间，小巧玲珑，是压麻丝的物品。搓线时，压一束麻丝，一根一根抽出来搓。搓线需要用水和灰，以利于产生摩擦，增加黏合力，因此麻丝架上有个盛水的小孔，侧面有个装灰的小抽斗。

朴素典雅的提桶线条流畅，非常优美。提桶的装饰往往在提手上，有龙纹、凤纹、如意纹、卷草纹等，整个器具显得生动精致。茶壶桶有保温作用，是当时

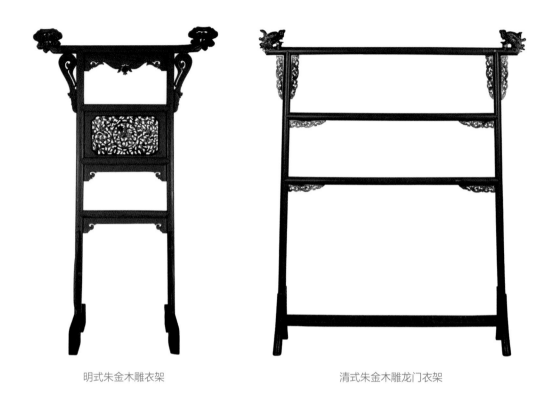

明式朱金木雕衣架　　　　　　　　　　　　　清式朱金木雕龙门衣架

的热水瓶。壶嘴外露，可以随时倒茶，内垫棉花、鹅毛以保温。

　　讨奶桶是桶中最小的品种，也是内房必备之物。分娩后的产妇尚未有奶水喂小孩，就用这精致的讨奶桶去邻里讨奶水。一个精致的讨奶桶会引来四邻欣赏和赞叹。

　　小脚椅，也叫小姐椅。椅侧的小抽斗专门存放袜子、小鞋、剪刀、缠脚布等与小脚有关的物品，这些物品是女性的隐私，自然要有隐秘的空间收纳。旧时，小脚是不能让他人看见的，洗脚自然也成了隐私。

　　朱红圈椅，是女性专座。流畅的提手线条和桶体线条，一虚一实，一阴一阳，构成其空灵而饱实的体形，让人仿佛看见江南女子婀娜起舞。

（3）朱金家具与曼妙女性

大浴桶内放个小板凳，红得可爱；大浴桶边上放个小拗斗，小得可爱，是盛水沐浴用的。当年美学家王朝闻先生写过一文《拗斗，拗得有理》（《美术》1999 年第一期），说是拗斗手把往里拗进，由沐浴者本人提起小拗斗，高过头顶往下浇水。

朱金家具的绘画和木雕中常见闺房的梳妆场景，主仆之间有不同装束和不同神情，体现了时人的真实生活。男生和童仆也同样主仆分明，充分表现书生多情、小姐有意的情景。朱金家具绘画追求生活化，有意无意地强调生活情趣，尽可能地降低绘画格调，迎合民间乡情，更具乡土气息。即便是打斗、戏玩的背景，多数也选取山坡野地，而不去刻意描绘豪华的亭台楼阁。有些屏风和橱门上的人物身着朴素无华的服饰，佩戴自然而不失条理的发际装束，展现的是乡村既真实又俭朴的人物形象。

在中国传统社会，判断女子是否美丽高贵，不仅要看其是否拥有娇美的容貌和优美的身材，还要看她是否有一双小脚。"三寸金莲"是传统社会中女子重要的话题。有人认为，缠脚是为了让女子行动不便，不能去社会上活动，而只能在家操持家务，是男人约束女子的一种手段。男人要求女子缠脚，是旧时审美的体现。缠脚的女子走起路来步子小且慢，如同传说中的赵飞燕，纤纤细步。朱金家具木雕和绘画中，相当一部分可见男子手捏女子的小脚，或在书房下棋时"玩赏"小脚的情景。

雕画中不仅有男人捏女子小脚，也有女子拉男子胡须。胡须是男人特有的特征，也是性意识的符号。这种场面画体现了男女有

清式朱金木雕缠足架

相同的主动性。明清时代，社会各阶层中流传着画在宣纸、丝绢、瓷器等载体上的绘画，是当年新婚男女的性启蒙教育材料。《西厢记》《红楼梦》《金瓶梅》《拾玉镯》等浪漫爱情故事是常见的题材，即便是战马嘶鸣、横刀立马的战争题材，也会有与爱情相关的情节。

4. 朱金家具的情爱表征

朱金家具的木雕和绘画中，都可见民俗风情题材的人物画面，有行会中的舞龙舞狮表演，也有抬着楼台亭阁的壮观场面。这些人物有老有少，有男有女。要描绘社会各方面的人物形象，对古代匠师来说十分不易，因为匠师没有经历过写生练习，也不能在人群中表现透视和比例关系。但正是不必考虑人物与景物的透视、比例和写实要求，匠师能随心随手地在创作中突出主题，直达中心题意，更具视觉冲击力。这种艺术表达形式也是东方艺术的特色。

仕女题材是朱金家具装饰中较常见的题材。从服饰、衣着、发式以及背景布置看，富家大户闺房内大小姐的形象及仕女的神情，或静如止水，或深沉思索，或卷帘探望，表现了有一定修养的佳人的闲情逸致。

朱金家具的木雕和绘画中，有丰富的祈求美好爱情的图案，有戏剧中的爱情故事，有小说中的浪漫情景。凡是世俗津津乐道的爱情题材、具有趣味性的男女故事，都是朱金家具装饰着重表现的。这些内容是民间喜闻乐见的故事，而成为家具装饰题材后，反过来成为爱情趣事的证明。

文学、诗歌、绘画，许多艺术形式都会表现男欢女爱的情节，特别是朱金家具装饰借儒家"不孝有三，无后为大"的所谓正统礼教，以祈求子孙延续为借口，在内房中装饰暗喻性的内容。即使是非人物的题材，也暗喻爱情，如花开鸟来、鱼水之欢等。

事实上，在"明堂暗房"的传统生活环境里，对男女之事的描绘并无顾虑，明清遗留的春宫画背景和使用的床椅大多是江南地区的朱金家具。这些朱金家具为我们了解内房生活提供了可考依据，也为研究和了解女性文化提供了旁证的素材。

清　佚名　《西厢记》

　　小姐床的床檐、挂落、枕屏上画着不同的民间传说和戏剧中的爱情故事。出乎意料的是，小姐床前帐中也绘有男女相欢的场面，但闺房明确是为守贞而设的，这种似乎矛盾的教化也确实共存于朱金家具中。于是便出现了《牡丹亭》中女主人公在闺房中的梦幻：杜丽娘春日的梦境被作者写得神奇而生动，在"春啊，春啊……"的呼唤声中，梦神左手举着"阳镜"，右手举着"阴镜"，把柳梦梅和杜丽娘引入爱河中。这似是虚幻却又是真真切切的画面，在朱金家具装饰中表现得淋漓尽致。

　　《拾玉镯》是家喻户晓的故事，少女孙玉娇坐在门前绣花，被小生傅朋看见，傅朋便借故和她说话。傅朋的多情打动了孙玉娇的心，他故意把一只玉镯落在她门前，孙玉娇含羞拾起玉镯，表示愿意接受傅朋的情意。朱金家具木雕、粉彩画和勾漆描金画中都能见到《拾玉镯》中的爱情故事。

　　朱金家具装饰中，闺房中的小姐总是心神不宁，闺房外的男子也不安静，闺房内外发生了许多才子佳人的爱情故事。朱金家具木雕和绘画中常见的是《西厢记》中张生翻墙折柳会莺莺的情节，"似这等泪斑宛然依旧，万古情缘一样愁"，这西厢之中、闺房之内，又有多少女子真正静修深养。朱金家具画面上的佳人总是前行回首，而才子总是追求的姿势。尽管题材不同，人物故事不同，但才子佳人的爱情故事已成为一种模式。

四、朱金家具的艺术珍赏

1. 朱金家具的结构和造型

朱金家具造型决定了其体积感和雕塑感，也决定了其艺术品位。由里而外的榫卯结构使造型具有力学上的合理性，也使形体与内在榫卯结构有机地结合。

明式架子床的床杠座下不见束腰和溜臀结构，床脚内收，两端出头，床脚之间设壶门，强调壶门的空灵效果。壶门在两腿之间由柔和起伏的线条构成，正中间或刻一束相交卷草，或刻含苞欲放的鲜花，或刻石榴含籽，使壶门既有了仪式感极强的装饰效果，又表达了对美好爱情的期许和祈求多子多福的愿望。

明式架子床常在前帐上设五块动植物木雕板，于圆柱圆框间平面落槽，委角开光，雕与不雕的构件间主次分明，功能清晰，纤细线条形成立体效果。雕饰部位或方或圆，委角开光边缘有一圈阳线，阳线外留有宽而素的平板，阳线内透雕动植物。虽雕刻点睛，亦见素板四边，追求古朴典雅之美，也是当时崇尚高古之风的直接体现。

明式架子上常见前帐四柱，后屏转角二柱，侧屏前柱与前帐转角柱合用，共六柱，但清式架子床可见前帐转角另设二柱，使三屏独立成四角四柱，前角二柱并列，成八柱架子床。虽然在视觉上显得多了二柱，不够简约，却方便拆卸。这种结构的变化，失去了明式家具应有的简约风格，是从追求美感转向追求实用的实例。

另一种清式朱金木雕架子床，常见门罩式水口床面，床顶有七柱五垂的罩檐，罩檐里一卷蓬翻轩，有很强的仪式感。水口上透雕五块开光人物板，檐口一条木雕垂带。两边遮枕上用整板镂雕成灯景纱窗。架子床三围前后都髹朱漆，矮屏由木雕如意纹图案排列而成，空灵而简约。前杠下雕刻强壮的狮子脚，威武与神秘并存，使整床充满灵动气息。

清式朱金架子床中的小姐床，是闺房里的主要家具。架子床尺寸精小，有上、中、下三层结构，上层水口满饰朱金木雕人物，中层可见空灵的卧蚕纹低屏格，下层以床杠和一条长垂桄组成，形成三位一体的视觉效果。小姐床清雅、精致，富有闺阁女子特有的气质。

清式朱金木雕拔步床，也称踏步床，因为床杠前另设一间踏床。踏床一边放灯橱，另一边放马桶椅，箱体状空心的马桶椅里暗藏马桶，桶椅面也是桶盖，方便生活，亦使

清式朱金木雕架子床

床成为仪式感极强的秘密空间。拔步床冬天装上围屏画板使床里暖和，夏天可以拆卸成为通风的屏格。水口两侧开光的格子称纱窗，用一根藤榫卯结构或是整板透雕做成灯景窗，外方内圆，使拔步床空灵而且别致。由于拔步床是内房里的隐私空间，纱窗自然也就有了神秘的意味。

明式朱金桌子主要分无抽斗的书案、茶桌和有抽斗的房前桌、绣花桌。经典的明式朱金桌子基本与黄花梨、榉木等明式桌子有着差不多的结构和形式，同样具有简约的风格。

明式朱金桌子的四腿与桌面、抽斗与框枨之间的高低、长短、粗细、宽窄、空间比例都协调得无可挑剔，并且与使用桌子时的人体相适应，视觉上显得稳定有威仪，表现出简练、古朴、大方之美。

清式朱漆桌子的主要特征是设束腰，造型上追求清素不饰，结构上更坚固。桌面下三面围板，正面设五只抽斗。清式朱金房前桌以朱素不饰为美，一反清式床架的繁复雕饰。

明式朱漆五斗桌线描图

明式朱漆凳子线描图

明式朱金大橱的橱门，以独板平板落入框槽，在半圆的素框中无缝连接。两腿中框档上有流畅的阳线线脚，这是明式圆角的装饰手法，精细的起凸线沿着两腿之间的壸门内侧边线呈流线形态，细致而精雅。

明式朱漆圆腿小橱

明式大小头橱整体上收下放。这种大小头橱需要在榫卯结构上把握角度，内角要稍微大于九十度，制作时需要经验和特定的工艺技巧，但上收下放的视觉效果很好，结构的稍微变化，带来了精致而且超乎想象的审美效果。

明式家具使用明榫和暗榫两种结构。明榫是把卯眼打穿，使榫头通出框档或椅面，用竹销倒销打入榫头末端，使榫头涨实在卯眼中，同时也可以看到榫卯本身的自然美和工艺美。暗榫是不把卯眼打穿，榫头锯出一点外小里大的式样，将榫头打入卯眼，榫头不穿出卯眼或框架面。这些应用在明式朱漆大橱和小橱上的不同榫卯结构，成为内在结构上的点睛之"笔"，使人感受到工艺与美学的完美交融。

圆角橱框料外圆内方，外观上形方角圆，看上去阴阳平衡。明式大橱和小橱通体髹朱漆，不雕不画，虽然整个橱髹朱漆，却见一团温馨祥和。明式朱漆圆角橱如同英俊的男子，挺立于房中。

笔者见过几件明式朱漆圆角橱，或是榉木，或是楠木，都是外圆内方的骨架，三面独板，可见当年选料考究。串线橱中间二门常开，两边虽然也有摇杆，但用活动的两个侧销销住。两侧与正面对齐，与正面剑背柳叶格相仿，三面通透的立体大橱变得空灵而轻妙。

　　值得一提的是，大橱顶板整块可以往上脱开，两侧串格、素板和两腿连成整体，也是活络的双插榫头，大橱可以分开也能重新组合。这种组合在搬运时极大地减少了物件的体量，又不失结构上的美学价值。

　　常见明式朱漆小橱正面形体上收下放，柜面抹头放开压住整个小橱，显得稳重大方。二只抽斗上铜拉手左右不同，二扇门摇杆轴上下直入门承，一对圆形铜饰拉手贴在正中，成为小柜的主要装饰。

　　明式朱金椅子主要由椅背、扶手、座面、椅腿四部分构成。椅背有独板背、分段隔堂背等。明式朱金椅子的独板椅背，有局部开光施雕，也有光素不加雕饰以体现自然木纹肌理的做法。明式椅子开光处常见龙凤、仙鹤、灵芝和花卉等纹饰的浅浮雕，图案左右对称，上下饱满，在椅背板素雅中开光，点亮整把线条流畅的光素椅子。

明式朱漆圆腿扶手椅　　　　　　　　　　　　清式朱金大圈椅

明式椅子在构造上的最大特点是强调椅子自身榫卯结构的科学性、合理性，同时兼顾人体结构，这种以人为本的设计理念始终是明式椅子所追求的。以人为本，不仅使人坐在椅子上舒适，而且会给人端庄大方的印象。

清式朱金椅子在明式椅子的基础上附加了各种雕刻装饰，椅背一改明式圈椅局部施雕的装饰手法，代之以整板雕刻；牙角也镂刻各式瓜果、花卉；座下券口透雕龙纹、卷草缠枝纹，整个券口玲珑剔透，将椅子装点得富丽堂皇。

清式圈椅和明式圈椅的不同主要有二：一是明式圈椅用料细巧，清式圈椅用料厚重，明式圈椅用圆料或半圆料，清式圈椅用方料或不规则的圆料；二是明式圈椅或不雕或局部施雕，体现的是古朴、典雅、隽永、平静之美，而清式圈椅极尽装饰，椅背、牙板、牙条、束腰无所不雕，体现了富丽华美的格调。

一般认为明式圈椅应该是素而不雕，或局部施雕，但是在江南地区，明式圈椅是圆料或半圆料，椅圈均匀而俊长，造型依然具有明式的风韵。尽管牙板牙角施雕复杂，但椅子主体未失明式圈椅意气，和清式圈椅比则大相径庭。

清式朱金红漆小圈椅具有时代风格，式样上虽然仍然是传统结构，但装饰技法已经完全不同，雕作的用工时间超出了小木作的工作时间，雕刻的构件需要打磨髹漆，还要用名贵的天然朱砂作底色，雕刻处用贴金装饰，朱金相间，使小圈椅变得富丽华美。

清式朱金二出头小姐椅椅背和后腿上柱起双股线，打破了这类椅子常规圆料或方料的做法，雕刻人物布局严谨、神态生动，黛底朱色、朱金相间，是木雕中的精品。座下镂雕同心结和石榴果，整椅下放上收，素繁恰当。

从明式朱金家具中可见，架子类家具的框档断面没有平面直线的形状，框档截断面或半圆，或双股，或两侧角起阳线，或中间单炷双炷香线等，体现了明式家具以线条流畅为美的风格特征。

清式朱金三弯腿火盆架，束腰溜腔，壶门上首一对卷草纹饰，五腿先外放再内收，落地时又外放，故称三弯腿。火盆架落地托泥既是美的需要，也满足了人们围炉搁脚的

清式朱金三弯腿火盆架

使用需求。火盆架台面下一圈束腰，腰箍中开了长长的细眼，眼圈起阳线，使腰线细腻且空灵。束腰与溜腔间一圈过渡的菱形束线，强化了腰间的视觉美感。值得强调的是火盆架的壶门，是透雕卷草和拐子龙纹结构。

试想火盆架上炭火炎炎，朱架情浓，或围炉品茗，或燃香听琴，或夜话春光，冬日里暖和如春，其乐融融。有例明式朱金圆腿火盆架，双股五拼台面，台下一圈圆弧起凸弓撑，圆腿落地，五出六方风轮撑档，充满动感。圆形的盆架由三弯腿来支撑，从束腰到溜臀顺弯落在托泥上，托泥又呼应炉盆口，使整个架子有了柔和的视觉效果。

清式朱金梳妆台也称镜台，常见四柱结构，柱头上雕刻四只狮子，也称望柱。镜架八开光，架首二角翘起，雕刻祥云蝙蝠图，中间雕一轮红日。架下设一抽斗，可以存放梳妆用具等物。梳妆台在清代既无汉唐铜镜，亦未必有西洋玻璃镜，仪式感重于实用，主要用来装点内房，是内房中的主要艺术品陈设之一。

代表作中，清式朱金木雕梳妆台台下一大二小抽斗，大抽斗面刻一对飞凤，斗上蝠纹围栏，四腿出头，柱头上刻四只小狮子，狮子形态各异。台下二侧透雕冰梅纹饰，朱金相映成趣，满是喜色。梳妆台台上屏式结构，角度可以调节。图例中有件屏面，雕刻飞凤翘檐的亭台结构，屋瓦重檐，梁柱雀替皆备。

清式朱金木雕缠足架是古代女子缠足时用的器具。有缠足架为圆形架面，面上梁柱结构，中间一条俗称冬瓜梁的横架，上梁两头一对落地凤凰，牙角上透雕如意和瓜果纹饰。缠足架整体结构严谨，有威仪感。另一件缠足架架台独板，曲边，圆形，与圆形的底盘相呼应。台下设一抽斗，下有一暗箱，架台上二柱，柱梁两头起翘雕和合二仙。

朱漆大箱箱板两头启燕尾榫卯，其形同燕子尾巴，榫与卯虚实同形，九十度对角相交。箱体和箱盖一木连做，按八分箱、二分盖锯开，使箱体和箱盖木纹一致，箱板性能相同。箱盖压顶，先落板槽，再由竹钉加固，箱底外加檐边以稳固大箱。明式箱子用料厚重，铜饰有明式简约风格。清式箱子则板料轻薄，铜饰图案花哨。

明式朱金提桶

清式朱金龙头百宝箱，提手雕刻一对龙头，双目相对，双鼻伸出相连便成提把手。箱盖上浮雕才子佳人，箱内上、中、下三层，上下各设一抽斗，中间一对抽斗，盖子上端落榫后上推入箱，榫头下插入卯，即使提携时箱子晃动，盖子也不会打开。

清式朱金木雕竹节瓜棱提桶，桶身呈瓜棱状。桶体拼木时，接缝不会也不能在瓜棱的凹线上，因为凹线上的板很薄，而是要在凸出的棱背上连接，只有凸出的板厚，且拼接时粘接面积大才能有效。有些提桶的提梁仿竹根雕刻，根结苍老，节节可见骨感。桶身和盖子上直接用金漆画上花卉。

沥碗桶的桶盖便是盆底，也是沥碗处，水渍通过透雕沥水口流入桶内。桶盖有装饰，盖芯柔和的团寿纹线条在透雕的虚线上委婉呈现，金色花卉如星星般闪亮，寿纹阳线上又见一条流畅的细细复线，漆金后流金溢朱。团寿纹外侧一圈浅刻"福在眼前"纹饰，过渡到碗桶敞口，使整个沥碗桶正面满工，装饰奢华。

清式多角朱漆描金果盘虽然是实用器，用于盛水果、花生、瓜子等，居家用或待客用，形制上丰富多姿，从桶作到绘画，无不极尽技艺。多角盘有六角、八角、十角等。以十角盘为例，由十块木料箍成，每块木料的檐口变形凹入而内侧凸出，形成起起伏伏的盘口。盘底呈十瓣花卉图案，开光内一圈百宝花蝶图案。

清式八角朱漆描金盘

朱金家具作为与人接触最密切、最能体现人的地位和品性的家具，从来都是工匠们精心打造的对象，倾注了设计者的心血，融入了中国传统文化中最精粹的理念。每一件优秀的家具，其线条、体积、虚实都体现了至善至美的艺术匠心，其气、其势、其意、其神都达到了只可意会而不可言传的神奇境界。

明式朱金家具和朱金器具注重线型变化，形成直线和曲线的对比、方和圆的对比、横与直的对比，具有很强的形式美，以清秀雅致见长，以简练大方取胜。明式朱金家具追求体态秀丽、造型洗练，不善繁缛。其注重面的处理，运用传统建筑框架结构，造型方圆，立脚如柱，横档桄子如梁，变化适度，从而形成了以框架为主、以造型美取胜的特色，使得朱金家具有造型简洁利落、淳朴劲挺、柔婉秀丽的工艺特征。

清式朱金家具运用木作、雕作、画作、漆作、铜作等多匠作，进行了不同匠作的施艺装饰，成为结构复杂、富丽堂皇的形体，也成就了清式朱金家具特有的奢华和绚美。

2. 朱金家具的木雕

朱金家具木雕装饰多描绘现实生活中人们喜闻乐见的故事，始终强调人物个性，追求不同人物形象的差异性和视觉上的对比关系，通过对木雕人物和景物的塑造，朱金家具有了独特的装饰效果和生活趣味。

朱金家具部分木雕装饰并非单独构图，而是巧妙地出现在器物的出头处、转角上、边饰中，如在茶壶口上刻个兽面，桶的提手上刻只鸭子，盖子上刻鸭子翅膀等。这些巧妙的艺术表现形式起到画龙点睛的作用，使器具充满动感。

架子床木雕的风格决定了朱金家具木雕明式或者清式特征。清式朱金拔步床分三层木雕，把拔步床做成了木雕宫殿，使其成为清代朱金木雕的代表作。

明式大橱中的木雕图案以卷尾龙纹和花草为主要题材，局部施以浮雕，在壶门或牙角上起卷曲的阳线。宁波的红橱主要雕在罩檐翻轩上，透雕、浮雕相结合；东阳一带则把橱门分成四条，左右两条门并不常开，四条橱门犹如条屏，上下分四段雕刻，山水、人物、花鸟主题纹饰都有。

明式朱金桌子上的木雕以抽斗面上和牙角上的雕刻为主，牙角常见透雕，斗面两侧施以浮雕，中间铜铰拉手。清式朱金桌子虽然有满雕、深雕的实例，但品位并不如人意，无法成为朱金家具中的优秀代表作。

明式朱漆串线大橱

　　清式面盆架上可见木雕，不仅是梁头上威仪感极强的梁头饰，还有龙、凤、人物、花卉等图案，集中体现了浮雕、透雕、圆雕等木雕技艺。

　　朱金家具椅子上的木雕，以朱金小姐椅为例，椅子背板上分三段，由上到下分别是飞禽、人物和走兽，搭脑上也会专门高出而附加一块人物雕板。座下一圈透雕束腰，券口镶雕精致。另一件仿竹靠背椅，椅、柱、梁、腿上雕仿竹节纹，壶门上透镶一对龙纹格，在色彩上采用朱色、金色和竹绿色。清中后期，富家大户追求椅子背板满雕装饰。

　　木桶上的雕刻大多在木桶的提梁和提梁柱上，也会在桶盖上施以浅浮雕，主要有望柱上的狮子、提梁上的鹊，也常见和合二仙。桶盖上圆形开光，有福、禄、寿、喜题材，也有八仙或暗八仙图案。桶匜是木雕而成，桶把手上也常见兽面木雕。沥碗桶上檐口一圈浅刻卷草纹饰，水渍通过透雕的沥水口流入桶里。沥碗桶的盖子中间透雕团寿纹线条，外侧浅刻"福在眼前"纹饰，满目雕工，极尽奢华。

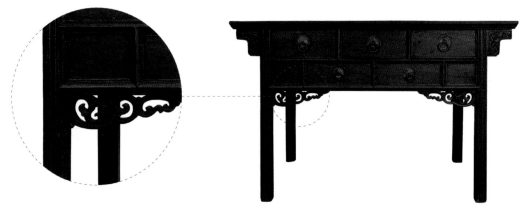

明式朱漆五斗房前桌

　　明式朱金家具一般以素漆为主，但也有由丰富的明式木雕组合成的家具，清式朱金家具普遍以木雕和绘画装饰。对于朱金家具中的木雕，不同的人群有不同的见解。一部分认为丰富的木雕破坏了家具曼妙的形体和线条，鲜丽的朱砂漆面被分割成段，这种观点是受明式黄花梨家具审美的影响。家具的简约流畅是美，绚丽多姿也是美，不同的家具形式成就了古代家具艺术的辉煌。

　　初次接触朱金家具木雕，总是会被其深雕甚至繁雕所吸引，这些需要长时间手工雕琢的木雕是古人不计工时创作的成果。工匠为了有名气，能够被人雇佣，极尽智慧，努力施艺，

清式朱金木雕小姐椅

但由于工匠审美的不同，有的过多或重复施雕，给人造成繁雕缛饰的观感。

　　朱金家具的木雕技艺以模仿画本为主，大多数工匠的文化修养和艺术造诣并不高深，对美的理解和领会并不深刻，也很难以刀法充分体现诗情画意，对透视、比例等技术要素也掌握得不到位。雕刻繁复的朱金家具，不一定能代表明清木雕的高超技艺。木雕注重以刀代笔，由刀法体现笔墨意境。优秀的木雕能直接以刀代笔体现文人意境，是中国画艺术运用雕刀硬碰硬创作的一种表现。用不同的雕刀，运用指力、腕力、臂力、腰力，腕转指压，腰扭臂行，聚气凝力于钢刀之锋，形成所需要的深、浅、粗、细的线条，由线条建立画面，又在面上适当挑、压，划出点线，以补画面之遗漏。这种由点、线、面建立的木雕表现形式是中国画的延伸。中国画运用墨的浓淡和色料的深浅渲染，而木雕则运用刀刻线条的粗细、深浅达到阴阳的效果。无论画意或雕意，最后的审美意趣是基本一致的，即由形态的建立，到神态的升华。

明式朱金床木雕二例

　　朱金家具中的木雕更接近生活，使用时与肌肤接触，故要光滑，不能有棱有角。刀法美在纯熟和流畅，美在简练，寥寥数刀便形象生动地表达意愿。行云流水的刀法是长期在木雕创作实践中积累的技法，也是工匠雕刻水平的直接体现。简练和粗俗是两种截然不同的品性，简练是美的充分概括，是技艺的升华，而粗俗则是劣质的表现，是技艺不精的反映。

　　人们批评木雕作品时，时常会说："刀法呆板、图像混乱、神情迟钝。"赞美时会说："刀法流畅、形象生动、形神兼备。"这虽然是有些教条式的评价，但也基本概括了朱金木雕审美的大意。

　　木雕技艺重要的是用雕刀表现技巧，即用刀法表达线、点、皴和印痕琢迹，展现景物和神情。有些作品初看似乎简单，但倘若用心观察，会发现有不同于常规的美。这种富有个性的作品是需要去发现的，而这种独特的表现手法丰富了朱金家具木雕的内涵。尽管这些匠人可能不被当时的人们所接受，甚至连后继者都没有。但是，从大量的实物资料比较研究中发现，这些作品有深厚的技术功底和匠意，既使观者有视觉上的美妙感觉，又是充满智慧、富有个性的匠师几十年经验积累的结果，更是千百年民间雕刻艺术传承和升华的直接体现。何况，木雕是先画后雕，是绘画艺术的立体表现。因此，木雕有诗情画意。

朱金家具中的木雕大多表达喜庆吉祥之意，是婚嫁礼俗和居家生活的需要，但也有表现诗意的题材，如"夜半钟声到客船""黄河远上白云间"，虽然只有一句，但任谁都会联想到该诗的上下句，感受到全诗的情意。

朱金家具木雕在有限的板面上表达丰富的人物故事，远山近水、鸟语花香，匠师追求画面上的诗风词韵，以达到物外有物的境界。东晋画家顾恺之说："手挥五弦易，目送归鸿难。"意思是表现人物神情要在画面之外，笔墨之外。人物雕刻更难，眼睛是心灵的窗口，透露的是人物深层次的感受，木雕要表现"目送归鸿"，是工匠最极致的造化。优秀的匠师不能停留在对画面形状的描绘，还要上升到神，以神气象形、以形写神，并且出神入化。有的木雕人物刀法简约、走刀流畅、形象夸张，承袭了汉时画像砖高古的风脉；有的人物饱满丰润，流露着浪漫的气息，体现了大唐画风的气韵。人物要传神，动物要达意，物与物之间的交流，体现人性化的精神，这在优秀的朱金家具木雕中表现得淋漓尽致。

山水景物是有形的，可以直接描绘，但水、风则是无形之物，如树木花草的摇动，人物衣饰的飘动，山体的倒影，鱼儿的游动，无水且有水，无风且有风，这些雕外之"雕"便是另一番意境了。木雕中的乱刀山水雕法，是模仿中国画山水笔墨的点、皴笔法。初看虽有施刀的法则，但杂乱无章，远观十分奇妙。

晋　顾恺之　女史箴图（局部）

清式朱金床上的木雕

绘画讲究笔墨，而木雕追求刀法，深入浅出，运行流走，点划印压，无不为画面而营造。千刀万刀无一刀是树，千山万山无一刀是山，意境尽在乱刀之中。

许多木雕是以明清画本中的内容为雕刻题材，体现了江南明清绘画的审美共识。浅浮雕作品有高低、深浅的浮起，板面在光线的作用下，阴阳相交、浓淡相映，视觉上形成无可非议的水墨效果，达到和中国画一致的审美意趣。木雕纯熟的技艺、流畅的刀法，形成的刀痕琢迹如同音乐谱线，流淌着优美的音符，让人感受到钢刀谱写的乐章之美。

画忌停滞之笔致，雕忌硬呆之刀法，优秀的雕匠一旦启动蛰伏的雕刀，便启动了心智，意随心动，心随手转，手随刀走，行如流水，聚一手同法，成一板同风。

朱金家具的雕板上，宁静中有飞动之势，衣纹间飘然而起，眉发逸扬而活，顿时静中有动，一板中充满生机。或高士稚童，或静物八宝，或花鸟鱼虫，或高山流水，或亭台楼阁，无不在变化的山气水色中，无不在艳阳白云下，无不在春风明月里。

在朱金家具木雕彩漆作品中，工匠依然要表现刀法，这些刀法虽然半藏在彩漆中，但高度概括和流畅的刀痕琢迹仍是体现作品品性的重要标准。

复杂不等于精致，简单不等于低俗，中国艺术的精神在于神似，出神入化，在这一点上，朱金家具木雕艺术和文人绘画有一致的追求。即使是木雕中的龙和神兽的形象，也仅用简单的构图表现其力量和精神。几只小鸟也充满情感，相呼相应，渲染美好的气氛。

从雕刻本身来说，朱金家具木雕的价值由三个方面组成：一是木雕的工，指木雕作品所花费的工时，深雕浅刻，建立的图案和画意。二是木雕的技，指创作过程中作者的木雕技术，表现的运刀手法技巧。三是木雕的艺，指作者在施技时表达的创作思路和审美理解，体现作者对图案和画意的深层感悟。上述几个方面只是概念性的评定，事实上工和技、技和艺之间交融在一起而无法剥离。繁复的工巧迎合了大众的目光，简洁的艺术为知艺者提供高雅的享受，江南地区朱金家具的木雕则更注重追求后者。

明式朱金家具木雕的特点是，图案元素简约，或花或叶，重复套用，形成图案化，所刻人物单衣薄衫，高度概括，追求写意，以简刀表现神情。清式朱金家具上的木雕把家具作为载体，把木雕作为装饰家具的主角，成就了清式朱金家具的奢华与绚丽。明清时代的建筑木雕和家具木雕同工而作，同一时代、同一地区，风格特征都有规律，匠师和匠人自有不同特点。

3. 朱金家具的绘画

（1）朱金家具绘画的线条

从事朱金家具绘画创作的匠师，经历学徒生涯和满师后的半作生活，以及近十年的学习和实践，绘画时勾勒线条的手法已经十分熟练，达到了一定的水平。在朱金家具的绘画中，运用线条表达神情是匠师重要的基础技艺。

清式朱金床上的彩绘和木雕

清式朱金床上的朱地勾漆描金画

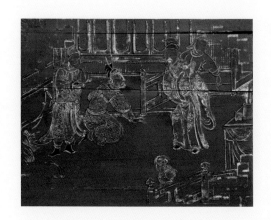

清式朱金床上朱地勾漆描金画

优秀的匠师让线条或细若游丝，或转曲行云，或为佳人脸颊，或成俊士英姿，画面的骨架尽在流走的线条中构建。内房家具绘画以线条立画，线条简约、流畅、转折法度的完备决定了其技艺水平。线条高度概括了画意形态、人物神情和韵味。

由于生漆有一定黏度，不能用软质的毛笔勾画勾漆描金画的线条，而是削尖毛竹，以竹代笔勾漆，也有用硬质马鬃束成的硬毛笔勾漆。匠师根据不同的绘画风格，自己削制竹笔，束成马鬃，这种竹笔或鬃笔被称为硬笔。

勾漆描金画的线条如同木雕的刀法一样重要，运刀得法是木雕创作时的手法把握。家具木雕和家具绘画为同一匠师而作，在相同的创作理念下运刀、运笔。

勾漆描金绘画中，勾线需要手腕和手指把握硬笔上流走的生漆流量和流速，形成画面需要的线条。这种立体凸起的勾线需要匠师注意力集中，呼吸节奏均匀，气息和意识随手腕和手指行走，运用指力、腕力，甚至臂力和腰力，聚气凝力于硬笔上，形成画面所需要的或粗或细的线条，再由线条勾勒成画面，粗细转折形成人物形象和亭台栅栏、山丘舟桥。线条决定了整个画面布局和人物气韵。

画匠气聚心手，聚线条为画面，静中有动的气势，衣袂间飘然而起，眉发间逸扬灵动，线条通顺有度，转折有法，画面自然有了生机。线条的熟练，美在简约，简约的线条留有欣赏的空间和余地。如诗词中用字，稍有不当便会不顺畅；如柔美音乐中的音符，不能有闲杂噪音。线条流畅，运线如流云，如春蚕吐丝，如钉头鼠尾。画的人轻松而成，看的人放松欣赏。优秀的匠师描线着彩如同优秀的歌者歌唱，美妙的声音自然轻松地随呼吸发出，或高亢有力，或轻柔如水；起笔落线也如高士抚琴，泰然自若，静若止水，优雅而有节奏的高山流水、平沙落雁尽在挥弦之间流淌。

从粉彩画画面上可见，匠师用原彩色料直接画出衣裤褶皱，有粗有细，而且运笔走速极快，可以看出匠师运笔的熟练，准确的线条把握使画面笔笔生辉，线线传神。线条之间有结点，结点的转折起线和收线，决定线条在构图中的运用。因此线条是画骨，结点是转折，而色彩则是肌肤。由此可见，骨骼决定形体，线条决定绘画的气度和品质，决定画面和画意的品位。

优秀的朱金家具绘画不仅是由线条构建的画意画面，而且是能从线条上看到美感，由美的线条组成的画面。有时画面构图可以不严谨，但线条不能不流畅，不能不均匀自如，不能不流走有法。根据画面人物或景物的个性特点，以及画面气氛的需要决定线条走法，因为线条有动静之分，动的行走如飞，如同舞台上快节奏的舞蹈；宁静的线条则运用在静止的人物上，线条走速缓慢，转折平和，有祥和之感。

线描是传统书法与绘画艺术的主要表现形式，以线条构建形体和造型，高度概括画面基础，使画面有深化的骨架。这种以线条为骨骼、以色彩作外饰的绘画表现手法是中国民间绘画的传统。朱金家具绘画传承了线描的表现手法，在人物布局形式、结构上充分运用了如同音乐节奏一般的线条，在疏密的关系处理上、在线条粗细的运用中，表现了匠师高超的艺术技法。

（2）朱金家具绘画中的色彩

线条在朱金家具绘画中至关重要，而色彩是决定朱金家具绘画品位的重要因素之一。朱金家具以红色为基色，勾漆描金直接在朱地上绘画，五色粉彩画绚丽华美，因此色彩是朱金家具的主色调，朱金家具绘画自然注重色彩。

勾漆描金画的色彩以朱地黑线描金或贴金，变化不多；五色粉彩画的用色因匠师具有不同手法，因此色彩丰富。灿烂绚丽的色彩效果，是朱金家具绘画艺术的特点。在华美的朱金和五色粉彩中，红、黄、蓝、赭交相辉映。勾漆描金画的朱红底色上，沉稳的黑线和耀眼的金色相辅相成。五色粉彩画上的没骨原彩施色和原色勾描渲染，使画面活泼生动；在衣冠服饰的刻画上，突出点饰泥金，形成炫彩华丽的颜色和庄重严谨的线描。

朱金家具绘画的艺术风格，集中传承了中国民间传统绘画风格和艺术表现手法。从形式而言，是线描构图、工笔重彩，追求以形写神等几个方面有机结合的效果。色彩的搭配和运用，决定了

清式朱金床上的勾漆描金画

明 仇英 临宋人画册（局部）

朱金家具绘画的绚烂效果。

朱地勾漆描金画中，鲜红的底色和描绘的黑色漆线，加上贴金或描金的渲染，相映夺目，绚烂华美，有强烈的视觉效果，既喜庆高贵又吉祥热情。

五色粉彩画中的原彩套色，以原色为线为面，直接施彩或描绘，原色斗艳，如同明代成化斗彩瓷器上的彩绘一般，五色呈现，绚烂热烈。匠师以原色调和过渡粉色，深浅浓淡相宜，模仿大自然中的颜色，充分发挥了其对颜色的运用技巧。

朱金家具绘画中的色彩，有这一门类绘画特有的色彩搭配，如粉彩画中"红衣绿裤，白鞋底青鞋帮"，衣衫的颜色分正面和里子，领口和袖口也与衣衫主色调分开，使人物衣饰有层次感。勾漆描金画的颜色并不丰富，但红色、黑色和金色是相对色，互不调和，竞相争艳。由于氧化效应，颜色相较当初绘成时发生了改变，由浓艳变得深沉含蓄，由鲜艳变得古朴。有些画面褪色，甚至色料脱落，但这种岁月沧桑之感使色彩更具古朴典雅之美。

朱金家具绘画的画面协调尤其重要，勾漆描金画直接在朱地上描绘，融入床、橱、箱、盘等器具。五色粉彩画大多以面上开光呈现，使床屏风或橱门面在朱色的主体家具中更加突显，画与家具本身和谐统一。

（3）勾漆描金画欣赏

黄金夺目的色彩可以同红色、绿色、黑色等不同颜色搭配，不失其富丽华贵之本色，而红色和金色把内房家具装点得喜庆吉祥，热烈奔放到了极致。

勾漆描金画主要应用在婚床和小姐床的床前帐上，也用在朱红衣橱、红板箱、红果桶、红果盘等朱漆器具中。勾漆描金画画面普遍在回钩纹的角饰开光中，回钩纹开光或双线勾漆填金，或单线复金，极具装饰性。回钩纹图案虽然在形式上大同小异，但具体走线却不尽相同，有连续不断、三弯转折的俗称"拉不断"的图案，也有双向回钩、反复连续的组合纹图案。勾漆描金画简单的角线构图把画面框定在开光之中，在床前帐上依次列成一排七幅的画面。

匠师们掌握了在朱色漆器上描金的技艺和绘画的表现手法，经过实践和磨炼，在朱金家具上施艺的手法已经十分成熟。虽然，我们难以认定千年前的漆画艺术和清代后期的朱地勾漆描金画在技艺上的传承，但记忆的传承是必然的。

勾漆描金画主要由朱红色、黑色、金黄色和银灰色组成。这些大阴大阳的色彩大胆搭配，使画面十分绚美。

勾漆的线条在落线和收线时，要掌握线条的粗细、转弯的笔法。线条起笔粗并有明显的点头，被称为钉头，尖尖的收笔称为鼠尾，这种钉头鼠尾的线条表现手法，被清晚期著名画家任伯年模仿并推广至文人画界。在朱金家具中经常能看到，有些勾漆线条极细，但十分流畅。画面中主要由线条形成的勾漆效果，被称为"春蚕吐丝"，顾名思义，如同春天桑蚕吐出的真丝一样轻柔，如同一团精丝般轻妙。由水墨工笔表现春蚕吐丝是比较常见的，但要由黏稠的生

清式长方八角朱漆描金盘

漆去勾勒，需要匠师有一定的笔力和功底。还有一种勾漆手法，线条粗放硬直，如同铁画一般刚硬，被称为铁线描。以这种线条效果为主的勾漆描金画看上去十分粗放，但线条硬气，有简笔形成的简约之美。勾漆的线条大多数由单线勾勒，也有双线勾勒，双线勾漆也叫重线，主要用于衣饰。多次重复的线条，是画头发和胡须等线条的主要手法，也是勾漆描金画的施艺技法。

朱金家具的勾漆描金画中，还可见到勾漆线条和贴金线条相间的表现手法。先是均匀地勾上黑漆线条，留下同勾漆相等粗细的朱地空间，等贴上金箔或描上金泥后便形成漆线和金线相间的效果。人物画画面中，为了把上装和裤子分开，常见上装着金色，而下装由黑色漆面在勾线中填满，形成黑裤子，使画面变得更加沉稳。

（4）五色粉彩画欣赏

相对朱地勾漆描金画，白粉地五色粉彩画的技艺更加成熟，因为粉彩画源于千百年来的民间绘画中的壁画和传承久远的年画。

五色粉彩画主要应用在婚床、小姐床的三围屏风，大橱的门面，以及鼓桶和板箱上，也应用在朱金家具其他器具的木板上。

五色粉彩画首先要在板面上施粉地，粉地用白色的石粉调以少量桐油生漆为黏合物。如果桐油和生漆比例不当，粉地容易脱落。也由于粉地容易吸水，在江南地区潮湿的气候影响下会部分脱落，因此，粉地的品质决定画面的保存期限。一些粉彩画的粉地没能经得起时间的考验，家具因此失色斑驳。不过，也正是这种失色和斑驳，让我们感受到岁月打磨的苍凉之气、古朴之美。

朱金家具的五色粉彩画是在白地上作画，线条勾勒和彩色画面渲染上灵动的线条，色彩以写实为主，有的介于写实和写意之间。五色彩粉画首先是用黑彩或线勾出画面，然后涂上红色、青色、蓝色、黄色和绿色等。粉彩画的线条决定了画面的形体、神韵，而色彩更是决定了粉彩画的视觉效果。在内房家具绘画中，有的会在画板上勾勒彩色线条，素描画出人物的轮廓，然后根据画面要求填上不同色料。也有用原彩色料勾勒线条的，使得画面更加简练，色彩更加明快。

　　有一种五色粉彩画以黑色或原彩呈现人物、景物的形体，只有色面边线，而不见具体框定的色彩线条。这种以色面替代线条的画法大胆而且明快。这种原色的使用虽然不见色彩与色彩之间自然过渡的效果，但色与色直接对比，更加艳美，有瓷器中的斗彩味道。原色之间争奇斗艳，在视觉上极具冲击力，这也是朱金家具中五色粉彩画特有的风格和个性。朱金家具绘画中，可见同一画面、同一套床屏风或橱门上的绘画，无论人物或景物都有相同的表现方式，或远山远景，或草木楼台。古代匠师巧妙地运用线条在粉彩画上表现不同的勾勒手法，自由发挥，形成不尽相同的个人绘画风格。

明式朱金木雕小长凳

清式朱金床上的木雕

由于粉彩画的主要题材是戏剧人物，故匠师施艺时尽可能地模仿舞台上的色彩效果。戏剧人物的衣饰也用相同的天然色料画成，这些色料既是染布用的，也是画画用的天然原矿或植物花粉。相同的色料使匠师模仿舞台上的戏剧人物时，得心应手。

五色粉彩始终强调人物神韵，将军有威武勇猛的气概，书生有儒雅意气，小姐则是脉脉含情。画面上，父慈母爱，童子稚气，仙子飘逸，农夫憨厚，村姑朴素，重在表现精神风貌，追求神似。

值得一提的是，粉彩画在屏风木框、橱门框架内，或在格子框档里，如同画框中的构图一样，在原木中呈现出圆形或方形的木格子开光，更加严谨和聚气。这种不同于在宣纸上作画、可以放开施艺的表现形式，把画面浓缩在有限的格子窗开光内，匠师只能在有限的空间里发挥，人物、景物等更加图案化和程式化。但在大橱门面上，五色粉彩画施画的板面大得多，可以用更大的景物作为背景，在布局上更大气。

（5）朱金家具装饰的情趣

朱金家具装饰题材接近普通人的生活情趣，无论是戏台上年年要演的戏剧人物故事，还是口口相传的民间传说，甚至是匠师即时听到和看到的社会逸闻，都能入画。小说人物、三言故事、劳作场景亦可成为富有情趣的题材。

虽然也有表现唐诗、宋词、元曲等文学意境高雅的画面，但更生动的还是乡村民间腰鼓舞蹈、地方小戏、田头清唱、乡间村夫山姑打情骂俏的趣味画面。在以儒家思想为主导的传统社会中，人们一方面通过劳作获取生活的保障，另一方面以孔孟之道规范着思想行为，生活总有一个基本稳定的底线，自然有丰富的生活情趣。现实中的生活情趣也融入了朱金家具装饰中，这是自然的人文生态。

床前帐中看到的神态可爱的和合二仙和刘海戏蟾，吸纳了常见于年画中可爱的四仙形象，使内房生活充满祥和气息，也给夫妻生活带来和谐与愉悦。婴戏图中的儿童互相戏闹，生动活泼，尽是当时在村口田头常见的景象。婴戏的绘画形象展现了百童百态，可笑可爱，也包含了人们祈求多子多孙的美好愿望。

朱金家具装饰题材中的居家生活，有文人士大夫相邀聚会，或谈诗论文，或宴乐弈棋，或玩赏书画，其乐融融，快意畅然。文人士大夫阶层的生活情趣，是通过文化雅集，从琴、棋、书、画当中享受美好生活。画中雅士有道骨仙风的神态，用笔俊俏潇洒，体现了匠师高超的绘画功力。

相夫教子的题材在朱金家具中很常见，女性不仅要服侍丈夫，负责家庭日常生活，同时还要教养子女。木雕和绘画中母亲喂奶和把尿等画面，不仅体现了妇人的现实生活，也是祈求多子多孙的讨彩吉祥图。

值得一提的是朱金家具绘画中的童子画面，童子们头上或是中间有一撮发辫，或是两边各有两撮发辫，大眼睛小嘴唇，短衣小袄，形象极有意趣。童子或翻跟斗，或舞狮子、骑木马，或枪剑相斗，或举重练功，神态不一，极具稚童顽皮的形态，让人喜爱。

朱金家具的勾漆描金画中，有一对线条优美的家鹅，雌的双脚伏地，昂头回首，而雄的稍展双翅，欲行交配之势。画面惟妙惟肖地表现了一对相恋的白鹅的瞬间，准确地刻画了乡村中常见的动物相交场面，观者无不意会而赞叹。

民间音乐在传统社会中十分普及，仕女吹箫、弹琴、击鼓、打板时有雅士闻声驻足，也有人饮酒听乐助兴等。朱金家具的雕和画记录了当时的民乐，让观者生出许多沉醉于音乐的美好感受。

表现生活的木雕和绘画场景还有儒生读书、农夫耕田、樵夫担柴、渔夫垂钓等场面，这些喜闻乐见的充满乡土气息的人物情景，涵盖社会各阶层的人群。内房家具绘画增加了生活的意趣，又使朱金家具成为现实生活的记录，是艺术生活化、生活艺术化的真实写照。

4. 朱金家具艺术鉴赏

第一节我们讨论明式朱金家具与清式朱金家具的不同，这一节主要欣赏明式朱金家具和清式朱金家具的艺术。

木材脆弱，要在朱金家具中寻找有确切纪年的实物资料十分不易，即使有几件朱金家具有鲜明的明代风格特征，但无法找到科学证据证明其属于那个年代，只能以明式和清式朱金家具来讨论。

清式朱金木雕八脚架子床

从大床、桌子、架子等朱金家具由明式到清式的演变过程可以看出，遗存的实物有明显的承传规律，这也给明式和清式的定式提供了基本依据。

明式向清式过渡的朱金家具式样中，既有典型的明式骨架，也有具体的清式木雕和绘画装饰，难辨其为明式或清式，但又不能说半明式半清式，只能以个人的主观判断给予界定，难免有不同的观点，只能求大同而存小异。一般认为，虽然明式家具的制作年代是清代中期之前，但有些地方在清代晚期、民国时期，甚至现当代仍然在制作简单的明式家具。鉴定是否属于当年的明式家具，不能仅看大概式样，而要看家具的气韵和细节，是否有超越和突破年代的结构、装饰图案等特征，更应看木质的古旧程度，看朱漆的颜色深浅、皮表的旧迹，看配用的铜饰风格。特别要领会明式风格中深藏的韵味，这是欣赏者内心的记忆、感受和经验。

明式家具的界定时间应该是明晚期到清初的二百年间。明代朱金家具的造型和结构有几个特点：一是重视实用功能和简约的结构、线条，强调造型的虚实和体积感，体现朴素的匠心匠意，注重繁素结合的整体协调，达到耐观效果。二是在框档上运用不同断面的形状，在板面上使用光素的朱漆面，装饰顺应结构而巧妙点饰，转弯落角不会因为雕刻而展开，使结构和装饰有机结合，形成淳朴、劲挺、柔和的秀雅之好。三是骨感和形态，通过形体巧妙融入框档的表面线条，突出或圆框，或半圆，或双股，或剑背，或菱形等框档截面，使框档的局部与整体相融合。明代朱金家具没有长方形或正方形的正面或侧

明式朱金木雕二出头靠背椅

面框档，可见当时的普遍要求。在造型上，明式朱金床的前脚是三弯脚，火盆架的脚是有弧度的优雅弯形，椅子的鹅脖有微曲的柔和线条，这些看似无工线条形成的形体，倾注了匠心匠意，也能使观者直接感受到家具的雅致。

明式朱金家具的木雕强调程式化的图案，吸收了当时丝绸上常见的锦织纹图样，注重写意，忽略比例和透视，写实的能力明显不足，但花卉图案、飞禽走兽却能和谐组合。花卉图案布局严谨，花开正面，叶无反侧，追求上下左右的对称，强调规整统一的和谐，疏朗俊秀。藤蔓枝头缠绕的变化、叶子的弯曲、花蕾与花朵的收放、果子的挂搭都疏密有致。

明式朱金家具木雕画的边线线脚和转角有着基本一致的规律。线脚基本应对家具主体的风格特征，追求亲和柔润的视觉效果。常见带弧度的线脚转角，这种在明式家具研究中称"委角"，看上去相当简单，但刻制时完全用雕凿手工挖出，工艺上称"挖角做"。委角给方直的板面增加了柔和的线条，为强硬的构图增添了温和的气氛，是明式家具的审美匠意。

明式朱金家具的木雕人物并不成熟，比例不协调，看上去简单，但也有幼稚之美、古拙之美。明式花鸟鱼虫、飞禽走兽的图案十分成熟，各地匠门在构图上有着一致的要求，形成审美上的共识。龙和凤的造型、花和叶的搭配、鱼和水的表现、飞禽和走兽的呼应普遍是程式化的安排。

欣赏明式朱金家具须注意两点：一是简约的结构，细节上的线条弯曲和虚实构成的空灵感，庄重中见灵巧，简约中见稳定，朴实中见清雅。二是以朱素不饰为美，画龙点睛地雕饰，不喧不哗，和和美美。

试坐明式朱金椅子，你会惊奇地发现，坚硬木材制作的椅子处处让你感受到温和、体贴。椅子的座面承托臀部和大腿，靠背护腰，扶手支撑上身，连双脚也有脚踏衬垫。椅背弧度与人体背部的弧度相合，后脑可靠在椅背搭脑上，双腿垂直，挺胸收腹提臀，心肺舒畅，气血充足。

明式朱金椅子的设计遵循力学原理，按人体结构设计椅子各部位，不同部位分别承担身体不同部位的重量，体现了以人为本、求实的制作理念。不仅如此，明式椅子还追求人坐在椅子上的美好形象和自信、自尊的气质，椅子成了完善品性和提高品位的重要载体。

清式朱金家具的基本框架源于明式朱金家具，是为迎合清式家具的"时尚潮流"而逐渐改变明式风韵。

经过了清初的稳定发展，江南已恢复明中期的繁华。随着反清复明思想的逐渐淡化，社会进入了新的和谐时期。朱金家具的审美追求自然也产生了满汉合璧的意向。在十里红妆婚俗的推助

明式朱漆寿纹扶手椅

下，江南地区朱金家具的制作达到了前所未有的精致程度，进入了绚丽华美的时代。

清式朱金家具大多由明式朱金家具的结构、形式和风格发展而来，如架子床、大小橱、椅子等。从明式发展成清式需要一两代人的时间，结构、式样和装饰都有一个演变的脉络，有从简到繁的过程。如架子床从三围低屏变为通顶高屏，正面五屏或六屏，屏内木板画上五色粉彩画，床前帐往上提升为罩檐，上增设翻轩，翻轩上又画山水、人物或花鸟。

朱金家具讲究穷工极作的木雕或者绘画，无论是作为婚床的拔步床，还是存放衣衫的衣橱，甚至一件梳头镜箱，为了精细、精致，不惜工本。这一时期，已经不见简约的光素大床，取而代之的是具有繁复雕刻和绘画纹饰的大床。用工和施艺方面，清式朱金家具雕刻在题材上开始创新，经历了由简单到复杂的演变过程。匠门中或师徒传承，或父子相续，或兄友弟恭，开始了各自表现手法和雕刻技艺的创新。

　　清式朱金家具也有后来发展的新样式，如拔步床、红橱、五脚面盆架等。欣赏拔步床要看其结构的复杂奢华。工口的复杂，让人联想到古人的居家和内房生活，如充满仪式感的起居方式，让人联想到古代建筑上的雕梁画栋。在家具上雕龙刻凤；在衣橱上雕满人物，髹朱贴金；在面盆架上雕龙凤呈祥、鸡菊柴篱。清式朱金家具以清式木雕和绘画为特征，把家具当雕画的载体，呈现富丽堂皇的美。

　　鉴赏清式朱金家具还要看朱漆是否由矿物朱砂制成，近现代化工漆用氧化铁粉调配，仿品漆面可以用香蕉水溶解。还得注意金色是否为金箔或是金粉贴描。

　　清末，江南沿海地区得海通之利，经济上一枝独秀。朱金家具的制作在工艺技法上渐已退化，却迎来了木雕和绘画的空前发展。此时的拔步床，床杠、屏背和屏侧木作粗放，但正面从床前帐到水口再到内屏，雕画并存，繁复精美，把朱金家具的装饰水平推到了另一个高度。从家具发展历史看，此时的朱金家具是家具艺术走向繁雕褥饰的末路，但不能否定它在此时呈现了一种前所未有的奢华，也出现了更加精美的木雕和绘画。

清式朱金沥碗桶

朱金家具的品质主要看家具用料，是否用不变形、不起翘和不开裂的木料打造，是否选用纯天然的优质朱砂色料，是否严格遵循传统榫卯结构的工艺流程，高度、宽度与室内存设的位置是否适合，能否作为嫁妆在礼俗中取胜，这些要素决定了朱金家具的品位。

鉴赏明清朱金家具，不仅要欣赏艺术效果，还得从留存的完整来品味百年间的保存不易。朱金家具的朱砂漆面尚无法由朱砂漆修复，一是朱砂漆昂贵、成本高，二是虽然一些漆艺传承人能使用天然朱砂漆制作小漆器件，但江南地区尚未有用朱砂髹漆修复成功的先例。因此，在收藏朱金家具时要充分考虑器具朱砂漆面的完整性。由于木板和木档容易收缩、伸张，如果框档和板档及板和板之间不贴麻布再髹漆，很容易开缝并使漆面裂开。虽然木作和漆作时充分防范板档和漆面开缝，但大多数朱金家具也难免有细裂。可适当增加储藏空间的湿度，有助其自身修复。

朱金家具代表作有符合力学原理的榫卯结构，木结构形体呈现造型，不同家具有不同的美感。大床是传宗接代的空间，具有神秘感和威仪感；大橱门面形成立体的屏风；椅子尊重人体生理结构且舒适；架子更具仪式感。朱金家具始终融入民俗和理性，实现形体美、色彩美。

朱金家具代表作的雕画装饰，同样显示了传神的重要性。无论是神仙人物，还是村夫村姑，神情是人物内心活动、个性特征的流露。神情通过形体细节而自然表达，以形传神是优秀的朱金家具木雕和绘画必须具备的，传神的木雕和绘画装饰才能充分体现朱金家具的品格和品位。

从遗存实物来说，明清朱金家具木雕的价值主要由三方面组成：一、年代久远，时代特征明显，品相完好。二、造型艺术水准高超，是经典的优秀代表作。三、雕画独特，存世稀有，具有很高的艺术性和装饰题材的唯一性。价值的评定因人而异、因时而异。因人而异指的是每个人对艺术作品有着自己的评判标准，会与作者构创的意境相合或相冲。因时而异，指对明清时代的朱金家具及其雕画作品的研究和理解，会受时代共识和时代风尚所影响。

朱金家具装饰中的人物，描绘的是现实生活中人们喜闻乐见的题材，强调人物个性，追求不同人物形象的差异性、视觉上的对比关系以及艺术表现的直观感受。通过人物塑造，朱金家具有了独特的生活趣味。

在大小橱的锁柱和拉手，箱笼的铰链，箱扣、抽斗的拉手上使用铜料，在功能上是为了开门、关门和锁门。但在朱金家具上，铜板做成圆形、方形或长方形衬托锁柱、锁扣和拉手，成了朱金家具的装饰。这些底板透雕成蝴蝶纹、如意纹等图案，还有的会在图案面上浅刻吉祥纹饰。

清式朱金大橱的锁柱上常用40—55厘米不等的大圆铜镜做底板，用一圈暗花浅刻装饰，并在铜镜表面镀上白银，可以照出人面。清式朱金大橱是衣橱，橱门上一面圆形铜镀银大镜子，镜圆橱方象征天圆地方，阴阳结合，平衡稳定。只可惜，经过百年岁月，银层容易氧化脱落，铜层也锈迹斑驳，仅剩鲜红橱面上古朴自然的铜镜，展现着方圆相衬的美。拆开锁柱或拉手掩盖的部分时，银色明亮，照得人面清晰。

清式大橱铜镜下有一对拉手，镂空雕

明式朱漆小橱

成如意纹或柿蒂纹。拉手衬圆凸垫片，衬底以长方形委角呈现，底板上浅刻戏剧人物或凤凰牡丹等图案，三位一体，夸张地形成拉手的装饰，使大橱丰富而生动。

朱金家具小橱上的铜饰主要有橱门的锁柱、拉手、底衬、抽斗衬底和抽斗拉手。明式和清式铜饰在造型与图案上有明显差异，明式铜饰用料厚实，清式相对单薄；明式图案简约明快，清式丰富多样。

明式箱笼的箱扣底板装饰以委角方形为主，正面箱扣亦是拉手，两侧提手形方角圆。清式箱面铜饰常见蝴蝶形状，民间也称蝴蝶铰链。

从前，为了防止私铸铜钱，民间不许私藏铜材，若需要铜料，允许烧毁铜钱而用铜，这样朝廷便能控制铜料以获益。朱金家具中广泛使用铜饰，也是当时的人们不惜工本制作家具的另一种体现。

朱金家具的发展可以分为三个阶段。

第一个阶段，清顺治、康熙前期。从清代初期家具的样式以及装饰图案上可以看到，匠师们有意无意地坚守着本民族的传统审美，明代盛行的明式家具依然是清代初期的主流。装饰图样以程式化图案为主，造型明快，线条简约，强调实用功能，由功能决定结构，没有繁复的装饰，即使有装饰，也只是稍加点缀。

第二个阶段，康熙后三十年到雍正、乾隆前三十年的近百年间。这一时期经济稳定繁荣，制作式样上虽然出现了创新，但只是顺应时代发展而适当改良和提高，主体仍传承明式家具的风格，保持明代以来优秀的品质和经典的工艺技术。不同的是，牙角和水口上的雕饰有了更具体的图案，架子床和板箱上开始描绘吉祥图案和故事人物。这一时期依然保持明式家具风格，却比前期更加秀美。

第三个阶段，乾隆后三十年到嘉庆、道光、咸丰、同治、光绪的一百余年间。这一时期的家具改变了明式家具极具文人审美意趣的风格，开始重视表面装饰，轻视结构美和线条美。绚美华丽风格的雕刻和绘画正是从这一时期开始盛行的。虽然少数文人士大夫仍坚守俭朴简约的风尚，但更多的人已经以追求时尚为由转而媚俗。

明式朱金大圈椅

清式朱金家具从明式渐变而来，其过程与其他古代家具一样，是时代创新的结果。一般认为，由简约到繁复是审美的退步，是文化传承中的精神流失。从黄花梨和紫檀等宫廷家具的发展结果看，这种观点是没有问题的。但是我们不得不承认，在造型和结构上，在丰富的装饰和鲜艳的色彩中，清式家具的制作技艺达到了前所未有的华丽，尤其是木雕装饰极尽其艺，成了独特的艺术门类。

从存世的清代早期的案桌等家具中可以看到，明式家具不仅有普遍的简约明快的式样，还有一种乡村明式家具，四脚粗壮稳健，委角大气，繁素得体，似乎有唐宋审美的遗风。这类明式家具渐渐被学界关注，从明清朱金家具的大床床脚和洗脚桶的兽脚上也可见其风格。

从功能属性看，明清家具可以分为四大体系。一是宗庙家具，祠堂、寺庙、佛堂家具，供祭祀专用。以黑色为主，局部由金线装饰，也有在框档或委角上用雕刻等手法装饰的。宗庙家具的功能是祭祀，故有神秘古朴的特色。

二是中堂家具，如翘头桌、八仙桌、太师椅等。清水木纹，追求庄严，体现气度，是家族公共空间的主要摆设，也是家族及主人威仪的象征。

　　三是书房家具，书橱、文案、博古架等，是家具中最具个性化也最能体现文人追求的一类家具。

　　四是朱金家具，也称红妆家具，或内房家具，是喜庆吉祥、热烈奔放的婚嫁场面所需要的，也是女主人私人空间内特有的家具和器物。

清式朱金木雕圈椅

朱金家具的代表作
图例及评注

一、床

朱金六柱架子床 清式 | 206cm×206cm×109cm

　　朱金架子床也叫小姐床，是闺房里的主要家具。架子床小巧玲珑，似乎依然散发着当年神秘的清香。

　　这件架子床尺寸精小，可见上、中、下三层结构。上层水口五块浮雕人物，满饰朱金木雕，透雕相框边饰，中间一条垂带挂落，和两侧垂带共分七段，浮雕七幅人物故事。两侧遮枕上与水口上的人物形成连环画式的故事情节。中层可见空灵的卧蚕纹低屏格。下层以床杠和一条长垂枨组成，形成三位一体的视觉效果。

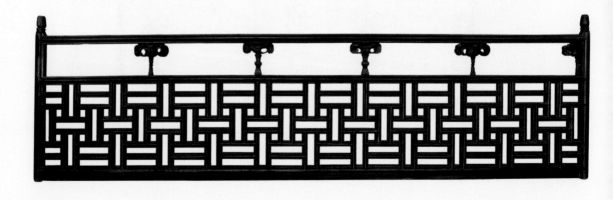

朱漆六柱架子床 明式 | 212cm × 116cm × 210cm

朱漆六柱架子床，通体髹朱漆，六柱截面呈椭圆形，三围围栏是横直榫卯结构的工字格。前帐水口上分四段，由四块委角透雕花鸟板组成，遮枕上各设圆形开光的浮雕花鸟图案。床杠起凸阳线，床脚于床杠两头喷出，四脚落地收进尺余，脚外设角花，床脚雕高古如意云纹。

从椭圆形截面的床立柱，水口木雕板带委角及明式花鸟图案，两脚之间柔和流畅的壸门线，床脚的如意云纹等特征上看，这是件典型的清代初期制作的明式架子床。

朱金木雕三屏架子床　明式｜228cm×134cm×208cm

架子床背屏和侧屏采用十字相交的委角藤蔓纹，用榫卯构成明式图案。床杠下壶门上一排明式圆角草龙图案，同遮枕上人物木雕结子边饰上的方角龙纹相对应。从龙纹图案可见，是明式风格。

这件架子床水口前檐一排五块人物雕板，正中刻高士雅集图，朱漆圈椅上的雅士围坐品茗，似在谈古论今。遮枕左右各雕一对男女，亲密相拥。后屏格子中间镶一块长方形木雕，房内陈设的朱金家具如桌椅，皆是明式。床杠上一男子腿上抱坐女子，喜悦之情洋溢，房侧另有一女子嘴唇含手指，偷偷张望，是典型的半春宫图题材。

架子床木雕题材独特，雕工精湛，朱漆虽有所剥落，床前杠方角也因被主人坐磨而造成弧度很大，但更显时代久远，古朴典雅。从龙纹及委角的风格特征看，此床作于清初康熙年间。

架子床三屏格子有补配，但未上色，遵从了文物修复原则。

朱金木雕架子床　清式 ｜ 216cm × 182cm × 230cm

　　架子床是门罩式水口，顶冠有七柱一垂的罩檐，罩檐里一排卷蓬翻轩，有很强的仪式感。水口上透雕七块开光人物板，檐口一条木雕垂带。两边遮枕上用整板镂雕成灯景纱窗，开光结子刻仕女，与水口上的才子佳人图案形成呼应。床脚狮面狮足，三弯脚与九曲壶门形成威仪感极强的架势。

　　架子床三围前后都髹朱漆，矮屏由木雕如意纹图案排列而成，嵌上有节奏的开光结子，显得空灵而简约。前杠下雕刻强壮的狮子脚，威武雄壮，使整床灵动，有生生不息之意。

朱金木雕拔步床　　清式 | 216cm × 185cm × 228cm

　　拔步床,也称踏步床,因为床杠前另设一间踏床,一边放灯橱,另一边放马桶椅,里面暗藏马桶。拔步床的围屏在冬天可以装上画板使床里暖和,夏天可以拆卸画板使其成为通风的屏格。

　　拔步床是婚床,前帐集木雕、堆塑、泥金、描金为一体,屏板上彩绘人物故事,形成奢华的装饰效果,使婚床成为婚房里的房中之房。

　　拔步床水口两侧开光的格子称纱窗,用一根藤榫卯结构做成灯景窗,外方内圆,使拔步床空灵而别致。由于拔步床是内房里的隐私空间,纱窗自然也就有了神秘的意味。

　　尽管四合院有房门,中堂有堂门,房间有房门,但拔步床还要做两道纱帐,使床成为屋中之屋、房中之房,可见古人对夫妻生活的保密心态。

朱漆子孙桶　清式｜58cm×32cm×46cm

　　子孙桶通体髹朱漆，呈椭圆形，两边有扣手，整体线条流畅优雅。子孙桶是接生的器具，分上下二层，上层用于洗净初生的婴儿，下层用于盛热水。

　　传统社会祈愿多子多孙，子孙桶是子孙投胎的神圣之物，是结婚时女主人从娘家带来的吉祥物。

朱金木雕八脚架子床　清式｜220cm×168cm×226cm

　　江南有些地方把床腿叫床脚，为尊重当地叫法，特称这件大床为朱金木雕八脚架子床。

　　架子床床面由二件四脚床合成，两边各做一半，合成时只见到六脚。

　　该床四面满工木雕装饰，通体髹朱漆。床前杠下壶门上浅刻缠枝莲纹，八脚都雕狮面狮爪纹、三围木作、雕作和漆作双面做工，内外兼修，一丝不苟。前帐满工透雕吉祥图案，开光成结子人物，亦是戏剧中的吉祥人物。整体远观宽敞大气，近看木雕细腻精致。

　　床脚雕刻成猛兽，让猛禽背负整个大床，这使架子床充满动感和神秘色彩，呈现了威仪。威猛霸气的飞禽走兽增强了弥漫着喜庆气氛的内房家具的阳刚气息，也使柔美的内房灵动起来。

朱金木雕八柱架子床　清式 | 212cm × 110cm × 192cm

　　明式架子床常见前帐四柱,后屏转角二柱,侧屏前柱与前帐转角柱合用,共六柱。江南清式架子床可见前帐转角另设二柱,使三屏独立成四角四柱,前角二柱并列,成八柱架子床。虽然在视觉上八柱架子床多了二柱,不够简约,却给拆卸带来方便。

　　朱金木雕八柱床水口朱地上的勾漆描金画有些许褪色,显得斑驳。三围朱漆素屏,八只木雕结子上压扶手,空灵而雅致。遮枕上委角开光浮雕人物形象准确,神态自若,有清中期的精致手法。床杠下起两条阳线,线下一束卷草藤蔓纹有点睛效果。床脚雕兽面云头蹄,如同狮兽口吐祥云,生动活泼,使整床灵动飘逸而且充满激情。

朱金木雕全屏拔步床　清式｜209cm×195cm×225cm

　　拔步床民间也叫千工床，意思是木作、雕作和漆作匠师用数千工时才能完成。事实上清代晚期，江南地区得海外贸易之利，有过一段繁荣时期，而富家大户由于受传统制度限制，不能在建筑规模上发展，便在家具中极尽工巧，不惜工本。朱金木雕全屏拔步床使用黄金、朱砂、松石、青金石和天然生漆等材料，极尽奢华。

　　拔步床采用三围满屏，拔步两侧和遮枕延续屏格的形式，用榫卯结构制成，再造屋中之屋。罩檐上嵌七块绿色琉璃片，当年琉璃类玉，十分昂贵。水口上道朱地勾漆描金人物画，分三段通景，下道垂落浮雕人物。夹柱上堆塑贴金，四柱上垂挂六只透雕人物结子。床前落地平台称踏床，踏床两侧称依栏，依栏上段透雕格子，中间扇形开光雕刻人物，中间分两块浮雕人物图，依栏下段为朱地勾漆描金人物画。遮枕和踏床侧屏一根藤格子榫卯结构，中间嵌结刻工精致。整体造型喜庆热闹，装饰花纹精美华丽，木雕人物形象生动，是清式朱金木雕拔步床的经典之作。

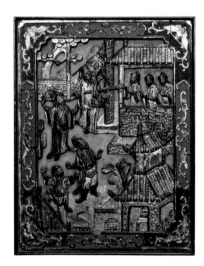

朱金木雕画屏床　清式 | 215cm×128cm×215cm

画屏床檐翻轩由上、中、下三段式透雕和浮雕组成，檐下七段式人物浮雕戏剧人物，两侧榫卯结构冰梅拷格，背景为五色粉彩画。画屏床下节分大小四块浮雕戏剧人物，两侧遮枕各设一组浮雕人物图，呼应檐口木雕的戏剧人物图，整张床前帐主题统一。

画屏床三围上正面六屏，两侧各三屏，共有十二屏风，分别以五色粉彩绘对应十二个月的十二品时花美人图。床里五色粉彩画，床外朱金木雕，互相映衬，呈现了不同的色彩和艺术气息，却能融为一体，使整床更加绚丽。

朱金木雕拔步床　清式｜220cm×220cm×235cm

　　朱金床上装饰的大多是古典名著、民间传说、戏剧人物等，离不开多子多福、喜庆吉祥的美好愿望。拔步床夹柱上常见有诗句"丹桂宫中来玉女，桃源洞里会仙郎""凤鸟对舞珍珠树，海燕双栖玳瑁梁""意美情欢鱼得水，声和气合凤求凰"，既表达对夫妻生活的美好祝愿，又充满浪漫情调。

　　这件拔步床罩檐有五道透雕花卉，层层叠叠，使整床异常华美。檐下细刻浮雕戏剧人物。四道床柱夹上刻有"鸾凤和鸣昌百世，麒麟瑞叶庆千龄；紫箫吹彻蓝桥月，青鸟翔环彩屋春"联句，充满情趣。

　　水口中间柱夹上端两侧和左右柱夹内侧镂雕亭台楼阁、立体戏剧人物，形象生动活泼。

　　一件雕刻才子佳人题材的拔步床，能完整保存至今很不容易。"文革"时期，床主人实在不舍得床被毁，拆下拔步床的前帐，偷偷藏起来，才能使之传承至今。

床前帐朱地勾漆描金人物画板　清式｜17cm×38cm×2

　　这对朱地勾漆描金人物板，一块画二男一女，另一块画一男三女，类似的人物题材普遍出现在古代家具木雕和绘画中，似曾相识，可人物出处难考。从人物形态、神情看，应是戏剧人物，可惜传统戏剧中生、旦、净、末、丑的妆面、衣装和道具不分剧情和剧目，无论是《西厢记》还是《红楼梦》，张生和贾生是一样的扮相，黛玉和莺莺也是一样的发型和面容，穿的是同款戏衣。雕画匠师只表达才子佳人的爱情故事，任人想象，或许更有趣味。

　　两块画板，人物线条简练达意，头上发束、脚上金莲，交代得清清楚楚，尤其是神态轻妙，个性自若，可见男的有情，女的有意，小姐故作淑女，丫鬟故意打趣，是活灵活现的舞台表演效果。

床前帐朱地勾漆描金人物画板　清式｜17cm×38cm×2

　　两块朱地勾漆描金人物画板中，男子高跟宽帮与女子纤纤金莲形成鲜明对比。打斗时人物夸张的肢体动作，形成了严谨的对应构图。

　　传统绘画分二路传承，一是士大夫阶层的水墨丹青，二是色彩艳丽的民间绘画。朱金家具上的朱漆描金画无疑是后者中的精彩代表。

床前帐朱漆描金人物画　清式 | 18cm×37cm×2

　　由于生漆有一定的黏度，朱漆描金画不能用软质的毛笔勾画，而要用毛竹削尖的竹笔勾漆。朱漆描金画的线条和木雕的刀法一样重要，运刀得法是靠木雕创作时的手法把握，而硬笔如刀，须硬碰硬地让生漆成线。朱金家具木雕与朱漆描金画是同一匠师而作，都在勾漆的线条中行走，运刀和运笔有相同的创作手法和理念。

　　这两件朱漆描金画，其中一件画上三位人物穿高跟鞋，二人两杆长枪直刺另一位长髯怒目、赤手空拳的老者，打斗场面惊心动魄。另一件画上是一老妪携含情脉脉的金莲小姐，同一位手握空弓的年轻男子。两件画板出自同一匠人之手，线条流畅优美，人物神情生动有趣，却不知出自何种戏剧。

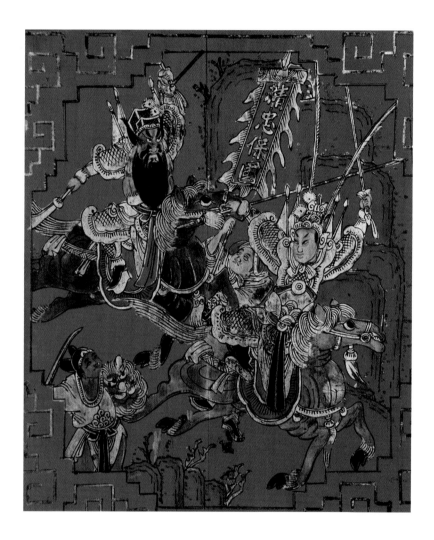

床前帐朱地勾漆勾漆描金人物画　清式｜局部

　　生漆勾线需要用手腕和手指，掌握笔端生漆的流量和流速，把握画面需要的线条。立体的起凸勾线需要匠师充分集中注意力，呼吸顺畅均匀，气息和意识随腕和手指行走，指力、腕力甚至臂力、腰力都要凝于笔端，形成或粗或细的线条，勾勒成画面。运笔时，粗细转折之间形成人物形态和亭台勾栏、山丘舟桥，确定了画面布局和人物气韵。

　　这品拔步床前帐落地依栏板，刻画的当是《三国演义》的人物故事，能看到将军的威武风采，也似乎能听到战马的嘶叫，战斗场面惊心动魄。

　　作为内房中的家具，不知为何，这件朱金拔步床要画血腥的战争场面。

床前帐朱地勾漆描金人物画　清式｜局部

　　仙子手持荷花、钱树和金蟾宝器，脚踏祥云，长衫宽袖，腰带飘逸，呈现了神仙的形象和悠远的意境。画面朱地金面，以黑漆过渡，鲜丽但不浮躁。

　　床上画着仙子，主人过着日常生活，夫妻朝夕相处，这也许就是传统居家生活的美妙意境。

朱金木雕绘画床前帐 清式 | 41cm×212cm

　　喜庆的色彩、吉祥的气氛、温馨的感觉，是朱金家具特有的形式和风格。

　　这件朱金拔步床前帐分三段四柱，中间二侧床夹柱上刻联句："于飞定卜和鸣凤，乃寝欣占吉梦熊。"联下堆塑垂花喜庆吉祥图案，镶嵌二片琉璃。水口上朱漆绘画和朱金木雕相间，雕画结合，形成对比。所绘人物线条流畅，形象生动有趣、神态传神，整体色彩鲜艳但不虚浮，是朱漆描金画的代表作之一。

朱金床遮枕木雕板仙子人物图　清式｜92cm×50cm×2

　　雕板夹框结构，顶板和束脚板分别透雕开光人物和花卉。中间四仙主题又夹重框，外饰四时角花，八时果子嵌结，框内透雕蝙蝠祥云，四仙人物凌空呈现。

　　和合二仙，传说是南唐五代僧人寒山、拾得的化身。说唐代高僧寒山少年时拾了个男婴，取名拾得。寒山在荒年中把拾得抚养成人，并与拾得相依为命。寒山、拾得与人为善，虽苦，亦乐于布施更苦的穷人，成为天台山上和合互助、和合处世的典范，表达了和为贵的思想，被祭为和合二仙。和合二仙也是代表婚姻和合、夫妻和睦的欢喜神仙。

朱金床遮枕雕板菊花图

明式 | 110cm×52cm

　　床前帐两侧落地依栏中的一块。依栏扶手呈椭圆形，握时顺手可心，中心圆形开光外上下左右各设开光透雕花卉图案，依栏框档可见剑背线条。

　　框面与板面持平，主题透雕菊花图，图案虚实相间，枝脉清晰；花无反，叶无侧，是典型的明式木雕特征。木雕着五色矿物粉质彩料，红花绿叶，在鲜红的朱漆背景中绚烂夺目。尤其是矿物色料斑驳褪色，更具典雅之美。

朱金床遮枕雕板龙寿图

明式 | 92cm×31cm×2

　　朱金床前帐遮枕上的透雕板，分三段木雕装饰，上下设浮雕花卉图，中段透雕卷尾龙纹图案，正中浮雕寿字。龙纹上下左右不对称，使双龙缠绕出神入化，很是神秘。

　　透雕板使用楠木，髹朱漆，贴真金。楠木不开裂不变形，但价格昂贵，可想当年富家大户打制朱金家具是不惜工本。

朱金床遮枕雕板龙纹图

明式 | 96cm×32cm×2

　　清代中期，虽然入清已近百年，但民间风俗习惯、造物特征依然保持明式风尚。乾隆初期风尚渐渐开始转变，但转变造物风格需要经历几代人。《红楼梦》是曹雪芹在乾隆中期完成的著作，书里描述的建筑、屏风、家具等纹饰风格仍然还是明式，也从侧面可见曹氏的生活和认知，仍然被"明式"环绕。

　　床遮枕雕板中间龙纹对称布局，虚实相间，阴阳平衡，图案系龙子龙孙图，祈求子孙富贵，延续不断。

朱金床遮枕雕板仙子人物图

清式 | 110cm×46cm

　　以朱砂和黄金贴面的朱金木雕，用料考究，色彩鲜艳，有喜
庆吉祥的气氛，是嫁妆和朱金家具的特有门类。

　　这是床前帐水口两侧遮枕上的木雕，独板透雕，秋叶开光，
秋叶上刻"和合二仙""刘海戏蟾"四仙图，仙子分别手持荷花、
宝盒、拂尘和金蟾，人物布局合理，神态飘逸，有仙道之风。

朱金床雕板双狮戏球图

明式 | 98cm×56cm×2

　　明式拔步床上前帐两侧夹柱中间落地依栏。依栏是动词，此处是两侧两块榫卯组合的踏床上的大板，因此有些地方还称拔步床为依栏眠床。雕板上段是扶手，扶手下刻荷花角花，称荷花依栏。栏下两块小雕板，透雕吉祥兽，小雕板下浮雕双狮戏球图，双狮并不强壮威武，是羸弱不堪的样子，这是江南明式木雕和石刻中常见的形象。瘦弱的狮子使人顿生爱怜之心。

　　雕板上的一些朱漆已经脱落，残留的朱色也较为深暗，薄薄的朱砂无法抵挡三百多年的岁月，却使雕板更显高古。

二、橱·箱

朱漆圆腿大橱　明式 ｜ 113cm×58cm×215cm

从正面看，大橱四腿上收下放，立势稳健有力。摇杆转轴橱门中间设锁柱，可以锁左右两门。橱门及两侧独板制作，里子髹灰布生漆。门里一对抽斗，既可使橱门向内有依靠，也很实用。

圆腿木橱框料外圆内方，外观上形方角圆，阴阳平衡。虽然通体髹朱漆，不雕不画，却见一团温馨祥和之气。笔者见过几件明式朱漆圆腿橱，由榉木或是楠木制作而成，都是外圆内方的骨架，三面独板，可见当年选料考究，为清初制作。

朱漆串线大橱 明式 | 145cm×68cm×218cm

　　明式朱漆串线大橱，所谓串线，当是串格之属，但在原产地浙江嵊州，民间称其为"串线大橱"，故定名。

　　明式朱漆串线大橱上部三面通风，显得空灵，下部朱漆独板素面，大橱内侧贴麻布髹黑漆，做工精细，庄重典雅。

　　朱漆串线圆角大橱正面设四门，门分四段装饰，顶板透雕缠枝花卉，顶板下剑背木条由卯眼串成柳叶格，格下浮雕龙纹腰板，腰板下独板素面。中间二门常开，两边虽然也有摇杆，但用活动的两个侧销住。两侧与正面对齐，与正面剑背柳叶格相仿。大橱四腿截面呈外圆内方，即外面看到的是圆形，内侧呈方料，双插榫卯结构连接。

　　值得一提的是，大橱顶板整块可以往上活榫脱开，两侧串格、素板和两腿连成整体，也是活络的双插榫头。大橱可以分开，也能重新组合。

朱漆小橱　明式 | 60cm × 49cm × 89cm

　　明式朱漆小橱正面方脚，抽斗面与橱门在一个平面上，显得素雅。夹框正面呈上放下收的梯形起线，二角上平下收的"天际线"使小橱显得灵动。抽斗面上铜拉手底板一大一小，似乎很随意，抑或是故意为之。垂落的拉手上各有开锁的锁眼，可惜锁已经坏了。两门正中有一对拉手和起凸横锁的固定插口，八颗铜铆钉也是装饰。

　　由于朱砂昂贵，朱漆小橱顶面和正面髹朱漆，侧面和里面涂的是普通桐油调的生漆，呈荸荠色。

朱漆小橱 明式 | 60cm×50cm×90cm

　　明式朱漆小柜正面形体上收下放，柜面抹头又放开压住整个小橱，显得稳重大方。两只抽斗上铜拉手有意左右不同。两扇门摇杆轴上下直入门承，一对圆形铜饰拉手贴在正中，成为小柜的主要装饰。

　　明式小橱橱顶是个桌面，也可以当桌用，常常陈设在床前。橱面上或置清油灯盏，或放茶水点心，是宁波一带内房大床踏床内的床头橱。

朱漆圆腿小橱

明式 | 83cm×55cm×85cm

　　明式圆腿小橱橱面夹角榫头，桌面独板，四条圆腿直接由插榫连接橱体，面框三面起三道收缩线形成檐口，使小橱精巧别致。二扇摇杆橱门四边框档起弧线，门板平面落槽。橱面朱漆不雕，一对铜拉手画龙点睛般装饰整个小橱。朱漆圆腿小橱整体看上小下大，也称大小头橱，视觉上显得非常稳健。

朱漆顶箱红橱（对） 清式 | 104cm×65cm×225cm×2

　　红橱正面橱框与橱门呈平面结构，两条刨圆的橱门摇杆呈圆形，稍微凸出橱门面，显得纤细优雅。红橱眉檐上数道透雕罩檐，雕刻几种不同的缠枝花卉。红橱正面一对大铜镜，铜镜中间二柱锁眼，铜镜下方一对铜拉手，拉手背景是刻花铜底饰。红橱铜镜镀过白银，可以照清人面，由于白银容易风化，只剩下古朴的铜镜。红橱上部雕饰丰富，下部素红，繁素相合，橱方镜圆，有天圆地方、阴阳相济的视觉效果。

　　清式朱漆红橱成对的比较少见，但一般大户人家的嫁妆都是成对的。由于 20 世纪 50 年代初土地改革，家具分散，现以单个传世为主。这对红橱主橱体、橱前檐、橱顶箱三件连体，完整地保留了原貌，更是难得。

朱金木雕垂花红橱　清式 | 100cm×57cm×188cm

　　清式朱金垂花红橱朱漆素面，首眉檐上有七道透雕罩檐，左右二道垂带，与中间的刻花铜镜形成主要装饰。罩檐上有四美人物以及卷草龙纹、凤纹、缠枝花卉、狮子、蝙蝠等吉祥图案。垂带由泥灰堆塑，开光盘子中塑"和合二仙""刘海戏蟾"图案。一对垂鱼流苏长垂，极尽吉祥彩头。

　　这件红橱原创于浙江宁海，出地时应该是一对，可惜落单。

朱金木雕四门橱　清式　|　150cm×61cm×183cm

　　朱金木雕四门橱，面宽橱高，四条屏式门面分四段剔地浅刻古代四爱人物和花鸟图案，朱地金饰，绚烂华美。

　　所刻图案分别是陶渊明爱菊、王羲之爱鹅、周敦颐爱莲、林和靖爱梅。尤其是门檐上一对转轴门承，立体圆雕刘海戏蟾，人物袒胸裸足，弓背弯腰，肩上背着金蟾，生动灵活，成了大橱的点睛之笔。朱金大橱系东阳木雕风格。

朱漆木雕八斗橱　清式 | 56cm×36cm×139cm

　　朱金木雕八斗橱正面设八只抽斗，斗面上满工深浮雕戏曲人物，压檐及框档上浅浮雕卷草纹饰。两侧板独板满雕历史故事、人物，雕板上的人物分上、中、下三层构图，会友、送行、居家等人物故事生动有趣，亭台楼阁、车马舟船、热闹非凡。

　　朱金木雕地子上设青、绿、红及白色，分别由青金石、黛粉、朱砂和贝壳粉调成彩地。整橱三面满雕，朱地贴金，瑰丽奢华。

　　从矿物色彩的髹漆方法以及浮雕人物写实、写意结合等特点看，这是宁波地区清代晚期的匠师作品。1842年后，宁波成为通商五口之一，手工艺品出口成为对外贸易的重要组成部分，此朱金木雕八斗橱系洛杉矶私人收藏品。

朱金木雕橱门腰板　清式｜20cm×48cm×2

　　朱金木雕橱门腰板委角开光，浮雕仙人，人物形体奇妙，神情飘逸，尤见一板上刘海坐在三足张扬的金蟾身上，手足紧紧抓住蟾背，仰头侧目远望，自信而又神秘。另一板上仙子手持蒲扇，胡须飘逸，当是八仙中的汉钟离。汉仙安坐于石头上面，一手指向远方，侧头俯目，仙道之风凛然。雕板上的远山近石、花草树木皆有仙气，与人物风貌一致。此为清中期作品。

朱金龙纹杠箱

明式 | 68cm×39cm×112cm

　　这款杠箱由箱架和四层箱子组成，架顶设串杠孔，木杠或竹杠可以串过箱架，故亦称串箱杠。杠箱架为四柱结构，镶板和护耳刻变体如意纹。箱体二面开光，在素板中开光委角方形刻龙纹。杠箱通体髹朱漆，雕刻处贴金，繁素相得益彰。从龙纹特征和如意纹看，当是清中期作品。

朱金绿漆仿竹轿前担

清式 ｜ 62cm×62cm×110cm×2

　　担，本是动词，此处是名词。轿前担，也称银钱担，是女方嫁妆中的礼担。轿前担通常在嫁妆队伍中的花轿前，挑担里装的是贵重物品，是父母赠予新婚女儿的细软之物，故送嫁妆时会排在新娘子坐的轿前。

　　轿前担仿竹四柱架子。仿竹柱下段落地外放，竹节上刻竹子枝叶，髹绿色竹竿、金色枝叶。担箱呈扁方形，四面开光，刻朱金八宝纹。担顶的铜制担环，既实用，又是一种装饰。

朱漆皮箱　清式 | 92cm×48cm×48cm

　　皮箱由牛皮制作，皮内是杉木板，杉木分量轻、不变形，皮外髹朱砂漆。皮箱箱体和箱盖用铜铰链组合。朱漆牛皮箱有防潮作用，在江南广泛应用。

　　制作皮箱时，先把樟木板两头拉出燕尾榫，四角燕尾榫卯结构夹角成箱，再在板箱外包缝牛皮，然后髹朱砂漆，再加铜铰、铜环、铜锁饰。皮箱由小木作、皮作、漆作和铜作合作完成。

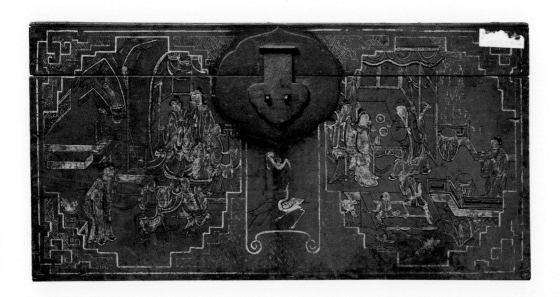

朱地勾漆描金人物箱

清式 ｜ 69cm × 45cm × 36cm

　　朱地勾漆描金人物箱先由小木作打制木箱，再通体髹施朱砂漆，又在朱地上用毛笔勾上淡墨线条作底稿，以较厚的生漆在墨线上重复勾勒生漆线，形成泥鳅背状的立体人物、景物图案，勾线完成后在人物、景物上描金或是贴金。

　　描金人物箱线条流畅，人物衣饰飘逸，才子佳人神情惟妙惟肖。箱子铜饰拉手呈委角圆形，铜饰表面因被氧化而显古朴，应是清中期作品。

朱漆大箱　清式 | 88cm×59cm×52cm

　　制作木箱要先定好尺寸，刨平板料，箱板两头启燕尾榫卯。燕尾榫卯形同燕子尾巴，榫与卯虚实同形，九十度对角相交。箱体和箱盖一木连做，按"十分箱，二分盖"锯开，使箱体和箱盖木纹一致，箱板性能相同。箱盖压顶，先落板槽，再由竹钉加固。箱底外加檐边以稳固大箱。

　　大箱正面一组圆形箱锁，阴刻花卉图案，朱地金色，喜庆吉祥。箱撑二头刻如意纹，漆金，打开后可支撑箱盖，以便存取衣衫。

朱漆描金人物圣旨箱　清式 | 26cm×18cm×13cm

　　圣旨是古时皇帝下的公告、命令，或是发表的言论以及对个体的嘉奖。谁家收到皇帝的嘉奖，都是其人其家的荣耀，因此会精心制作一个圣旨箱，以示皇恩浩荡，恩荣世代相传。

　　这件圣旨箱，底托起凸成箱体，箱盖整体套合。箱体四面及顶面夹灰髹朱砂底漆，勾漆描金，四面在锦地中开光，绘六幅树下高士、水榭游士等图。箱顶通景绘远山近水、亭台楼阁，船舶湖景中游人如织。

　　从圣旨箱的形制、绘画风格及精致程度看，应是清代早期的佳作。

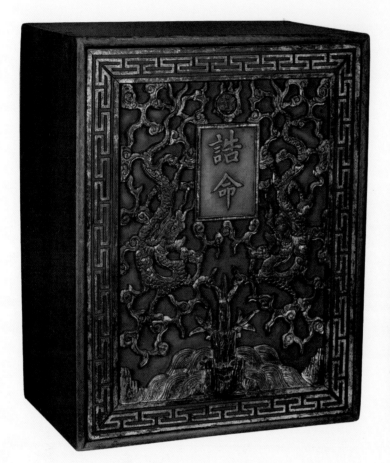

朱金双龙纹诰命箱　清式 | 38cm×24cm×47cm

　　明清时，五品以上官员，皇帝会为其妻子授"诰命夫人"称号。官员得此文书，自制存放的诰命箱，以示对皇帝封赠的尊重，也显示其妻子诰命夫人的地位。在明清，只有存放皇帝文书的箱子，才能在门面上雕刻完整的双龙。

　　诰命箱着重于门面的施工着艺，正中设长方形剔地阳刻"诰命"二字，雕刻海水龙纹，双龙从天而降，昂首相对，守护诰命。

朱金木雕龙头百宝箱　清式｜28cm×18cm×36cm

　　百宝箱是古时候人们出行用于随身携带贵重物品的宝箱，外面套夏布袋，或存放女子梳妆用品，或装官员和文士的印章细软，可携至野外，也可置于房中。

　　百宝箱箱顶一道提手，提手两端悬雕一对龙头，龙目相对，龙口相应，龙角起翅，贴二色金箔。百宝箱可满面开启，门框板中数道线条，开光绘漆地描金山水，典雅华贵。

朱金木雕龙头百宝箱

清式 | 29cm × 19cm × 35cm

　　百宝箱提手雕刻一对龙头，双目相对，双鼻中伸出相连便成提手。

　　箱盖上浮雕才子佳人，箱内分上、中、下三层，上下各设一抽斗，中间一对抽斗，盖子上端落榫后向上推入箱，榫头下插入卯，即使提箱晃动，盖子也不会打开。

朱漆百宝箱

清式 | 39cm×29cm×30cm

　　朱漆百宝箱呈长方形，托泥底上直起箱体，打开箱盖，可见浅底扁箱，抽斗面子上下无框无档，上下左右抽斗面直接对缝，这种无框聚斗的做法在木作中并不多见。箱子盒盖方方正正，仅见横直缝道，素面无雕，几件铜铰成为主要点饰。

　　这件百宝箱是内房女主人放置首饰或细软文玩的专用宝箱。

朱金刻皮钱纹枕箱　清式 | 62cm×28cm×26cm

　　刻皮枕箱是一件长方形枕头，箱顶弧形正面细刻花卉钱纹二维图案，这种图案常见于明式建筑的门窗格子。枕箱两头有铜制提手，正中一道铜饰，铜饰上一套上下相扣的锁眼，可以用横锁锁住，可见枕箱的重要性。

　　皮质枕箱轻便，便于携带。古时远行，或为行商，或为官赴任，箱内存放重要文件、印章、金银财宝，赶路时包在布包里，夜间枕在头下当枕头，身不离箱，可以守护贵重器物。

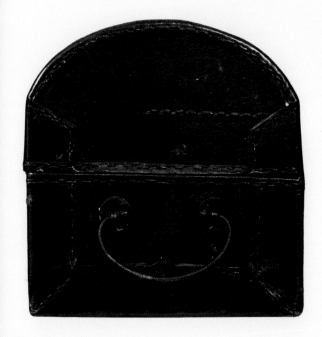

朱漆钱纹牛皮箱

明式 ｜ 67cm×28cm×23cm

　　朱漆钱纹刻皮小箱，木体皮饰，通体细刻铜钱图案。

　　花卉钱纹相交的二维图案，有奇妙的视觉变化效果，注意力集中在两交四出的花卉上，看到的是花卉；注意力集中在外圆内方的钱纹上时，看到的便满是钱纹。

　　这件牛皮箱的钱纹重复延伸，细巧中见秀雅，牛皮在包箱中的接缝清清楚楚。皮箱制作有皮质软化、刻制、包箱等工序，工序复杂，是一门独特的皮作工艺，但最终呈现的却是简约而高贵的刻皮箱。

朱漆皮枕头　清式 | 42cm×12cm×12cm

　　朱漆皮枕头，内质由两块木板固定成方形结构，用竹片钉成枕头主体，竹片外扎紧并拧麻布作为枕体，麻布上披生漆瓦灰，再用牛皮或羊皮紧紧包在枕体上成为皮枕头。这件皮枕头有两段描绘山水的图案，皮枕朱漆净正，保存完好，虽然经过百年，但仍能使用。

三、桌

朱漆单斗束腰绣桌

明式 | 73cm×50cm×89cm

  绣花桌是闺房内女子刺绣用的家具。绣桌有一个大抽斗，休工时未完成的刺绣或半成品可以放在抽斗里，防尘灰，又防鼠虫侵害。这件绣桌桌面下设一抽斗，斗下设三围隔板，可用于置放绣架和绣具。四腿、档枨素角无线，内翻马蹄立足，桌子轻巧灵动。

朱漆二斗桌

清式 | 123cm × 47cm × 88cm

朱漆二斗桌的桌面由左右两腿两端伸出许多，有案桌的味道。桌面下设两只抽斗，斗下直枨下一道细格，细格仅是装饰，没有承重意义。四腿档中间开槽呈浅双股线条。左右两腿以托泥落地，其间亦见细格装饰。二斗桌当是闺房内的书桌，轻巧秀气，体现了女性特质。

朱漆单斗束腰绣桌　明式 | 70cm×50cm×90cm

　　绣桌从桌面到斗侧直档直接与四腿一木连做，斗底横枨与四腿以直插夹角榫连接，使四腿有足够的支撑力。左右两腿之间设一横档，既是前后枨档，必要时也可以承加隔板。四腿内翻马蹄，先粗后细，看似轻轻点式落地，使桌子在视觉上显得灵动。

　　绣桌斗面上设蝴蝶铜面、卧蚕纹拉手，是绣桌的主要装饰。

朱漆大抽斗束腰方绣桌

明式 | 96cm×86cm×90cm

　　正方绣花大桌桌板由三块板拼接而成。朱漆家具可见四面独板的大柜，却并不见独板的桌面。匠师知道拼板可以分散板面收缩力，不致开裂成一条或两条大缝，有时会故意把大板锯开分散制作。

　　绣花桌桌面下有个大抽斗，里板缝贴灰布，披生漆瓦灰，是漆器的典型做法。实例中，朱漆家具在面上的朱砂漆一般都不会披麻刮灰，但抽斗和橱门的里子反倒披麻刮灰，这种做法比较常见。

　　这件绣桌大桌面、大抽斗，素框、素档、素枨，内翻马蹄落地，素中见雅。

朱漆二斗束腰窗前桌

明式 ｜ 102cm×73cm×85cm

　　窗前桌，即房间南窗前的桌子，是闺房或婚房里的大件家具。窗前桌宽束腰，两侧腰板平档，四腿与腰档一木直接由双榫连接桌面卯眼。桌子抽斗下四面透雕八只明式龙纹牙角，遥相呼应。

　　抽斗面上饰蝴蝶拉手，蝴蝶展翅，翅膀透镂如意纹饰，翅身浅刻卷草纹和蝶鳞纹，两条蝶须向上，蝶身可以左右转动，转开后可见长方形的暗锁眼。朱金家具中的铜饰既满足了功能上的需要，还兼具装饰效果。

朱漆三斗书桌 清式 | 110cm×61cm×83cm

　　三斗书桌，无束腰，正反两面及两侧侧板与抹头、腿料平做，使框、档、腿线与抹头在同一平面上。四面壶门上四对牙角不透不雕，平面成牙，直腿无线，内翻马蹄足立地，十分素净，更能体现桌子的朱漆鲜红。前面腰间三抽斗，饰三件宝瓶形铜饰，卧蚕纹拉手，启锁眼，三只抽斗都有铜锁。

朱漆五斗桌　明式 | 113cm×67cm×90cm

　　五斗桌在前束腰中设三只抽斗，束腰下二抽斗，共五斗。下层抽斗两侧尚有暗室，因为两层抽斗有两条直枨，壶门上就不必有牙角承支。

　　清代中期以前，家具制作以牢固耐用为先，以装饰为辅，能省则省，巧妙地把功能与装饰一体化，形成简约的线条和板块。欣赏者可以通过简约的结构直接了解内在的榫卯以及藏在框档板面内的接口。

朱漆五斗房前桌

清式 | 114cm×62cm×89cm

民国便有"一两黄金三两朱砂"的说法，普通人家用不起昂贵的朱砂，即便是富家大户制作朱金家具，也只会在家具的正面使用朱漆，不会在底下、背后和里子中使用朱漆。这件房前桌就在桌面和两个牙角上用了朱漆，连正面都省掉了，可见朱漆的珍贵。

房前桌桌面两侧外放，四腿里收，由雕刻草龙纹的牙头延伸形成夹头，使两侧四腿不占房间位置。正面二抽斗，下面有暗室，拉开抽斗后可以储物。特别是两只牙角可以拉出，藏着一对私密性很强的暗斗，并不常见。

朱漆五斗房前桌　明式 ｜ 135cm×59cm×90cm

　　桌面较大，两侧牙角伸出桌腿，这种做法被前辈王世襄先生称为"喷出"桌面，又把没束腰的桌子称为"无束腰桌"。这件无束腰房前桌桌面喷出两侧四腿，桌面下分二层设五只抽斗。五斗也有"五子登科"的美好祝愿。

　　房前桌腿档起五条阳线，直横档枨呈剑背，细腻而精致。结合喷出牙角和壶门上的透雕明式龙纹，以及明式菊花瓣铜饰拉手，此桌当为清代早期制作的明式房前桌。

朱漆五斗房前桌

明式 | 129cm×88cm×70cm

　　房前桌桌面和面下四边都髹朱砂漆，桌面喷
出二头设牙角，壶门上也见角花。这件桌子正反
两面各有抽斗，正面二抽斗有两个暗室，反面三
抽斗有三个暗室。正面牙头角花透雕漆金，而反
面牙头角花朱漆素板，两面形成对比。房前桌一
面靠窗墙，一般不会双面施艺，也不会靠窗墙设
暗抽斗，而这件桌子当是暗面暗斗，是匠师刻意
制作的房前桌。

　　房前桌抽斗上饰五只蝴蝶铜饰，暗刻蝶翅纹
饰，两条蝶须上翘，形象生动。拉手做成蝉形，
十分可爱。

朱漆五斗房前桌　　明式 | 123cm×67cm×90cm

　　房前桌桌面喷出，牙角上刻一对寿桃，正面抽斗面及暗室上起凸面板，底面直接为边，面上形成开光阳面。房前桌通体朱砂髹漆，连牙角也不施金饰，亦足够鲜红绚丽。试想当年抬送嫁妆时，鲜红瑰丽，喜庆吉祥。这些嫁妆在女子婚后成为内房家具，满房艳红，陪伴女子终生。

朱金木雕大画桌　清式 | 187cm×82cm×88cm

　　在旧时的木结构房子里，房内有限的空间很难容下大尺寸的桌子，这件桌子却是朱金家具中少见的一例。仔细看失漆部分的木料，房前桌由楠木制作。楠木制作朱金家具比较常见，精致一些的朱金家具大多是楠木料，但由于本书强调朱漆而不强调木质，故不一一列举。

　　这件画桌腰间设四只抽斗，抽斗面上分三段装饰，中间一块有锁眼的铜饰，垂一方角拉手，斗面两侧各开光浅雕花卉图案，饰金色。壸门垂带上饰一条浅刻的缠枝花卉图案，朱金相间。从整体看来，由于画桌长度过长，宽度并未跟进，显得同条案一般清瘦，倒亦见秀丽。

束腰暗抽斗房前桌　清式 ｜ 126cm×64cm×88cm

　　房前桌束腰，前面分两层，上层设三个抽斗，下层二侧垂落设二个抽斗，桌子立面自然成了马鞍状。

　　房前桌两侧束腰的腰带与溜臀枨一板连做，束腰板是两只暗抽斗的斗面，抽斗藏在桌面板下束腰内，五明二暗自然成了七抽斗桌子。利用束腰暗藏两个抽斗的做法是木作匠师的巧思，传世作品并不多见。

　　暗抽斗房前桌由娘家运到夫家，匠师和新娘的父母告诉新娘，房前桌上有暗抽斗，而丈夫并不知道，婚后置于房内，女主人值钱的细软可秘藏于暗抽斗里，想想也蛮有意思。

朱漆束腰书桌

清式 ｜ 110cm×48cm×90cm

　　朱漆束腰书桌，因其只有完整方桌的一半，也称半桌。书桌束腰，腰带上下两条精细的阳线，溜臀与四腿之间呈大挖角弧度，罗锅枨上四面六只卧蚕纹朱金结子，四腿由上而下渐渐收细，显得轻巧。书桌的朱漆已经褪了一层，可见局部木本色，木色与朱色相融，虽然无纯朱色鲜红，却也有古朴之好，是清初制作的朱金书桌代表作。

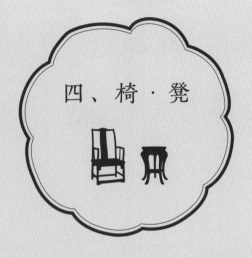

四、椅·凳

朱金木雕二出头靠背椅

明式 | 50cm×78cm×109cm

　　椅背搭脑两边出头，习惯称"二出头椅"。

　　该椅定为明式，理由有三：先是搭脑和椅柱截面呈圆形，椅背高座下起凸复线，又是椅背开光透雕中的委角阳线以及人物图的风格，再是壶门福寿纹透雕，都是显著的明式特征。但是，这件椅子比素净不雕的明式二出头靠背椅多了繁复的雕饰。

　　值得注意的是，许多人对明式家具的理解存在误区，即认为明式家具均具简约朴素的线条、科学合理的结构等，但存世的明代建筑和家具中，可见丰富的明式雕刻装饰的实例。

朱漆木雕靠背椅　清式 | 47cm × 37cm × 96cm

　　椅子由明式向清式转变，是一个漫长的过程。年代的转变以岁末与岁始为界，民间审美与匠人造物施艺的改变，需要几代人才能体现出明显的不同。从结构的简约，到装饰的虚化，证明了清代匠人和物主比前代人虚浮，印证了一个时代的结束和另一个时代的开始。

　　这件椅子造型端庄稳重，搭脑和后腿上相交处，有一对牙角相互呼应。椅背浅浮雕酒仙童子图，座下雕两枝花卉，椅面棕绳串棚为底，藤编为椅面，前踏脚档磨损严重，可见制作年代久远。此件木雕靠背椅应是清代中期造物风格由明式向清式转变时制作完成，已经基本形成了清式的椅子风格。

朱漆三弯背小姐椅 清式 | 41cm×36cm×78cm

　　这把小姐椅的特点是椅背呈三弯弧度，背板框档三弯，连背板也有弧度，突出椅背板榫卯夹框和框板弧线的雅致。背板素面，不雕不画，需要有熟练的榫卯结构技法才能完成。

　　小姐椅是闺房和内房中女子洗脚专用的椅子。多数小姐椅座下有抽斗，抽斗里存放剪刀等用物。小姐椅也称洗脚椅或小脚椅。

朱金木雕靠背椅　清式 | 47cm×33cm×97cm

　　靠背椅搭脑呈八字抱虚状，椅背板呈 S 形，椅后腿上端后弯，椅子背板与后腿不同的变形，构成柔和优美的形态。搭脑两头的透雕角花，呼应壶门两头的角花，恰到好处。椅背板开光处浅雕一对男女相亲相爱的模样，女子脚下一犬回首观望，增加了椅子的情趣。整把椅子静中见动，不张不扬，如娴静的淑女。

朱金二出头靠背椅 明式 | 42cm×32cm×86cm

椅背刻狮子戏珠图，牙板卷草如意纹，座面下横生罗锅枨，与搭脑相呼应，也使整把椅子有了坚固结实之感。

椅子朱漆失色近半，露出木胎，可见岁月痕迹。有的传世家具因为使用过度，呈现出沧桑感；有的保护良好，朱漆鲜丽，我们无法仅从成色上判断家具的年代，要从形制特点、结构细节和木雕装饰风格等角度细细观察，判断其大概的制作年代。此为清中期作品。

朱金圆腿扶手椅　明式 | 54cm×43cm×98cm

　　江南的官帽椅大多不出头，与北方的"四出头"形成南北不同的风格。扶手椅又称南官帽椅。

　　这把椅子虽是书房常见的南官帽椅式样，但尺寸小、高度低，应属内房小姐椅。椅背独板，简约雅美。鹅脖与前腿一木连做，增加了椅子的承受力。四腿上收下放，呈梯形，造型上更显俊秀和稳健，是一件难得的清初制作的明式朱漆椅子。

朱漆藤面靠背椅　清式　｜　46cm×36cm×97cm

　　靠背椅后腿穿过抹头，直达搭脑。椅背板呈S形，线条流畅，背板上开光浅浮雕高士童子图，座下可见浅刻的瓜果藤蔓，使椅子田园气息顿生。椅子只有前束腰，没有左右和后束腰。椅背、搭脑也是方料，这是明式椅子向清式椅过渡过程中的特征之一。

朱漆寿纹扶手椅　明式 ｜ 52cm×43cm×95cm

　　椅背板上一圈开光，开光内阳雕寿纹，是明式扶手椅的常见做法；而用回纹巧妙地构成扶手且只做椅面进深的一半，却是同时代同类椅子中不多见的实例。

　　椅子圆腿圆档，座面棕棚藤面，朱漆色深古朴，有明式韵味。制作时代应是清代中早期。

　　这是一把女子专用的内房椅子，传统女性是不能整个身体坐进椅子里，也不能双手扶椅而坐，因此即使有扶手也是虚设，便有人设计了扶手缩进椅面的椅子。

朱金木雕圈椅 清式 | 52cm×42cm×95cm

　　小圈椅是放在房前的圈椅，椅面独板，扶手两头雕刻写意龙纹，椅板主板浮雕习武人物。圈椅集雕刻、镶嵌、堆塑、彩漆于一体，无论是色彩和品性，都显示了主人家庭的殷实，体现了不惜工本的造物理念。正是这种繁雕缛饰，造就了清式椅子的富丽堂皇。

朱金大圈椅　明式｜52cm×42cm×96cm

　　柏木圈椅两头收口处弯曲幅度大，作夸张处理。椅背板浅浮雕仙人仙鹤图。座下牙板牙角构成的券口透雕卷草纹，中间扇形开光浮雕暗八仙中的葫芦和拐杖，可以推知，椅子原应是四把一套，有完整的暗八仙图案。

　　清式圈椅和明式圈椅的不同主要有二：一是明式圈椅用料细巧，清式圈椅用料厚重，明式圈椅用圆料或半圆料，清式圈椅用方料或不规则的圆料；二是明式圈椅不雕或局部施雕，体现的是古朴、典雅、隽永、平静之美，而清式圈椅极尽装饰，椅背、牙板、牙条、束腰无所不雕，体现了富丽华美的格调。

　　这是一件明式圈椅向清式圈椅过渡时期的作品，但整体上依然有明式圈椅的架势。

朱金大圈椅　清式 | 49cm×37cm×91cm

　　小圈椅是房前桌前的椅子，没有成对的实例。椅面独板，椅圈流畅温和，两头略转形成龙首，巧妙生动。

　　一般认为明式圈椅应该素而不雕，或局部施雕。但在江南地区，圈椅是圆料或半圆料，椅圈均匀而俊长，造型依然具有明式的风韵。尽管牙板牙雕施工复杂，但椅子主体依然未失明式圈椅的意气，又和清式圈椅在感觉上有相似性。

　　事实证明，在清中早期，明式家具仍是主要家具式样。从这件圈椅中我们可以看出：椅圈流畅，四角呈半圆状，椅面规整，座下透雕对称，椅背上浮雕人物结构简约。圈椅有明式椅子的遗风，也可见向清式椅子过渡的气息。

朱金木雕小姐椅　清式 ｜ 42cm×32cm×86cm

　　小姐椅搭脑档分四段曲折，如竹节状，看似简单，却使椅子显得与众不同。椅背板花篮形状开光，内刻教子图，雕刻处朱金相间。椅面串棕编藤，壶门透雕装饰。整体繁素结合，使小姐椅华美而不失坚实。

朱金木雕圈椅　清式 | 55cm×40cm×93cm

　　圈椅尺寸小，精巧雅致。圈椅饱满，后腿突然向内弯曲，上一段雕美鹿一对，鹿脚下前倾，形成优美的联帮棍，扶手下刻鱼化龙木雕一对，倒挂回首，椅背面开光浮雕教子图。椅子束腰处透雕枝叶，浮雕连绵不断纹，溜臀处刻蝙蝠蔓枝纹。整椅雕饰华美，朱漆艳丽，富贵之气扑面而来。

朱金圆包圆小姐椅　清式 | 42cm×36cm×84cm

　　古代江南地区，富家大户女子出嫁时娘家要备上成套的朱漆嫁妆，浓艳的红色表现了热烈、喜庆的气氛。

　　这把椅子前后四腿，木料前圆后方，椅背板分四段雕饰，搭脑两侧一角春芽，使椅子富有生命的气息。

朱金二出头小姐椅 明式 | 44cm×33cm×90cm

　　小姐椅搭脑二出头,出头处微微上扬,后腿上段起圆料,细长中见秀美,椅背板开光浅浮雕教子图,座下壶门透雕华丽。整椅上素下繁,形成对比,有强烈的视觉对比之美。

　　从椅子的框档线条、椅背、椅腿和雕刻装饰看,这是一件明式向清式过渡时期的代表作。

朱金木雕小姐椅　清式 ┃ 40cm×33cm×79cm

　　在明清家具中，清式朱金小姐椅小巧玲珑，色彩艳丽，是传统闺阁女子专用的坐具，具有神秘的色彩。

　　椅背分三段，上段浅雕牡丹花，中段雕才子佳人图，下段透雕如意卷草纹。椅座下牙板透雕一蝙蝠，意为"福"，可惜两侧垂落和牙板已丢失。整把椅子朱色纯真，富丽堂皇，应属清同光年代的椅子。

朱金木雕小姐椅　清式 | 42cm×36cm×84cm

椅子座面下方腿方档，后腿上段转为圆料，搭脑两端一角
春芽委角，椅背板分为四段装饰，搭脑宽大，使椅子富有个性且
灵动。

朱金木雕小姐椅　清式｜42cm×32cm×89cm

　　清式朱金家具打破了明式简约、委婉的造型风格，构建了绚丽华美的新艺术风格，呈现瑰丽的朱金色。

　　这把椅子在常见的搭脑上雕刻人物装饰，两侧雕回钩纹，椅背梁架上有镂雕牙子勾连。椅背雕人物、花鸟、云蝠，描金着彩。椅座下一圈透雕束腰，券口也镂雕精致，与椅背搭脑相呼应，通体装饰华贵。该椅当属清代嘉道年间制作的小姐椅中的精品。

朱金木雕仿竹靠背椅

清式 ｜ 43cm×32cm×98cm

　　此椅最引人注目的是四腿和踏脚
档，仿竹制作，四腿略微外放，挺拔
俊美。椅背线条流畅，一对草龙呈S形，
相互呼应，十分生动。整把椅子圆润
空灵，简约委婉，线条变化富有韵律，
洋溢着女性气息。竹节竹枝以程式化
的阳刻而成。壶门上透雕一组龙纹格，
金色与深绿色相间，有神秘之感。整
件椅子上素下繁，上红下绿，金色点
染，上下统一，是一件难得的朱金家
具实例。

朱金二出头小姐椅　清式 | 40cm×31cm×88cm

　　椅背和后腿上柱起双股线，打破了这类椅子常规圆料或方料的做法。椅背开光处雕穆桂英挂帅图，这种不爱红妆爱武装的教育在传统社会中十分少见（大多是要求妇女相夫教子）。雕刻人物布局严谨，神态生动，黛底朱色，朱金相间，是木雕中的精品。椅座下镂雕石榴果，石榴多籽，祈求多子多孙。整椅下放上收，素繁恰当，是朱漆小姐椅中优秀的实例。

朱漆春凳　明式 | 122cm×32cm×51cm

　　春凳凳面是夹框做，抹头间可见夹角线纹，束腰下溜臀框与腿料两边夹角榫，格子罗锅枨也是夹角榫，一眼看去，满是九十度夹角榫的线条。榫卯结构在力学上科学合理，从视觉上看上下一致。

　　凳子结子上透雕四时花卉，贴金箔，空灵中见细节。朱素中数点金亮，平素里几处镂刻，形成对比，增加了视觉上的丰富性。

朱漆春凳　明式 ｜ 111cm×33cm×49cm

　　春凳凳腿截面呈梅花形，因此也称"梅花腿"
明式春凳。春凳腿足稍微外放，凳面两头喷出腿
外，使春凳显得夸张而有威仪。凳面下束腰溜臀，
腿间罗锅枨故意错成三截，顿生趣味。"春凳"二
字，自然让人想起风花雪月的浪漫生活。

朱漆春凳　明式 │ 109cm×30cm×49cm

　　春凳四面束腰，溜臀下起双股框线，四腿两侧正面也是双股线纹，截面呈半边梅花形状，四面一周的罗锅枨三节叠接，是因为一木连做，壶门上收。从力学上看，两头宽中间窄，角力更强。一圈六只龙纹结，既加强了罗锅枨与凳体的连接，也起到画龙点睛般的装饰作用。春凳整体朱漆素饰，以圆润的线条呈现柔和温馨之感。

朱漆春凳　明式 | 118cm×30cm×52cm

　　明式家具与清式家具在框和档的正面线条上各有明显的特征。明式家具的框和档或圆或半圆，或单线或多线，或起凸或凹形，框档线条上有起线。而清式家具框档以平面为主，多以木雕装饰，有时装饰脱离家具本身的架构，为了装饰而装饰，自然成为一件以家具为载体的木雕艺术品。

　　这件春凳起明式线条，四腿左右外放，罗锅枨紧紧拉住，既稳定凳体，又在视觉上增加强度，这对要承受两人重量的春凳尤其重要。

朱漆小姐凳　明式 ｜ 36cm×36cm×39cm

　　小姐凳与有椅背的小姐椅同是大户人家闺房里小姐专用的洗脚坐具，嫁女时是嫁妆的一部分，婚后便是内房家具。嫁妆的主权属于女主人，小姐凳或小姐椅便一直陪伴女主人。

　　这件小姐凳座下宽腰，腰间设一抽斗，臀下接四腿，壶门中开光嵌上透雕结子，腿为内翻马蹄足。从形体看，由上到下，先束腰后放臀，再内翻足，三弯三曲，自然变化。

朱漆小姐凳　明式 | 34cm × 34cm × 34cm

一件小巧玲珑的小姐凳，是匠师传承几百年后才定型的经典小家具，会让人产生爱好之情。这件小姐凳，体型小巧，通体素面，由木作成器，漆作成表，省去了雕作工序。

朱漆束腰小姐凳 明式 | 38cm×38cm×38cm

这件小姐凳宽腰方臀，由四条短腿夹角构成钩子壶门，正中透雕四时果子，四足内翻，基本结构与前两例差不多。斗面铜饰设菊花底饰，垂环拉手。

小姐凳与小姐椅在使用功能上基本一致，因为地域不同，俗风不一，才形成椅子和凳子。绍兴东面上虞一带常见小姐凳，而绍兴嵊州、新昌，宁波宁海则常见小姐椅。

朱漆五腿圆凳 明式 | 腹径 46cm 高 56cm

朱漆五腿圆凳，独板凳面上起上、中、下三条弧线。凳面下束腰间，透雕十孔腰眼，溜臀舒缓直接顺下弯腿，线条流畅。壶门平面下檐边透雕曲线，构成如意纹饰。从整体上看，圆凳凳面圆如满月，束腰纤细空灵，丰臀长腿。

世人造物，常常会模拟人体而作，该凳是其中妙物。

朱漆长方凳　明式 ｜ 45cm×35cm×45cm

　　长方凳座面下四腿微微外放，直接落地。两条直横档上段空出壸门，上面一道柿蒂纹，卷草牙角；中间一道花叶纹透雕；下面又见第二道壸门，角上一卷叶。这种结构和形式，称为"无束腰"方凳。

　　方凳朱漆因年代久远而褪色，但残存的鲜红仍在木色上隐约呈现，是一件不多见的明式朱漆家具。

朱金木雕小长凳

明式 | 32cm×15cm×17cm

　　朱金木雕小长凳独板凳面，壸门板直接在四腿上开槽落榫，紧紧扣住两腿，使左右不会摇晃。四腿左右放开，前后略张，形体上稳健有力。

　　小长凳通体阳起浮雕，凳面下饰卧蚕纹结子，壸门板上饰卷草纹，满身工巧。四腿正面似是"柱联"模样的堆塑装饰，整体朱金相间，色彩斑斓。

朱漆独板小姐凳　清式 ｜ 32cm×28cm×42cm

　　小姐凳独板，方面圆角，朱漆漆面开片，长线短纹，细细密密，凳面朱色古朴而深沉，不浮不躁，温暖而热烈。

　　凳面下束腰与溜臀一木连做，横复档间一抽斗，四面八只贴金龙纹透雕角花，龙首相互呼应，显得灵动。古人造物讲究礼制，但这八只龙纹角花却设在小姐凳的之下，可想这种官方约束在民间是不那么严格被遵循的。

朱漆束腰方凳　明式 │ 48cm×48cm×52cm

　　方凳束腰，臀档与四腿起二炷香线条，线条外侧起阴凹边线，内侧起阳凸边线，使臀档与四腿表面有阴阳相济的丰富而和美的线条。

　　方凳壶门内罗锅枨透雕一对写意龙纹，枨中间承嵌浅刻龙纹的结子。凳面由于年久褪色，露出楠木本色。凳面以下结构和漆面都完好无损，从古旧品相、起线落榫的腿档和结子形式等方面来看，这是一件难得的明式方凳。从这件方凳中可见，民间家具在木作、雕作和漆作的共同努力下，在技艺和美术造诣上并不逊色于黄花梨家具的制作水平。

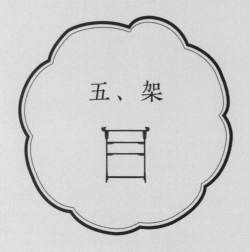

五、架

朱金木雕衣架　明式 ｜ 110cm×44cm×190cm

　　衣架面窄，三梁二柱式。上梁架两头翘起，雕饰祥云纹，梁下卷草角花，中间垂蒂刻石榴果。中梁架下腰板透雕梅花图案，中间开光雕麒麟送子图。朱金闪烁，极为绚丽华美。

龙门衣架　明式 ｜ 190cm×52cm×185cm

　　衣架是垂挂衣裤的架子，上梁架挂衣衫，下梁架挂裤子。

　　龙门衣架梁头雕刻双龙，回首相对，龙口含着宝珠，粉彩贴金。中间四块朱金木雕腰板，委角开光，浮雕四时花卉和飞禽走兽。从上梁架到下梁架三道角花，透雕拐子龙纹，风格一致，而龙头下一对卷草龙纹角花承饰，呼应落地抱柱角花。梁柱呈双胶纹线条，栗色。

　　腰板木雕题材丰富，有麒麟、鹿、独角兽、凤凰、锦鸡等吉祥动物，也有梅花、荷花、菊花、牡丹等四季花卉。木雕深浮雕起剔地，疏密有致。飞禽走兽与花卉布局有度，繁而不乱，艳而不俗，可以深究细看。委角板面花卉图案，龙头威仪，苍劲古朴，正面怒放，飞禽走兽形态高古生动、神情精妙，从这些特征来看，木雕有典型的明式风格。

朱金木雕龙门衣架　清式 | 135cm×41cm×172cm

　　龙门衣架圆档梁柱结构，显得轻巧秀气。上梁架在圆柱上突变为龙头，横梁自然成了写意的龙身。角花饰卷草图案，贴金箔。衣架整体朱金相间，简约不失奢华。

朱金木雕面盆架 清式 | 86cm×42cm×139cm

　　面盆架下部为三交六出三弯腿结构，弯腿外放内收，前腿伸出盆台面，雕四只狮子望柱，使盆台灵动。

　　盆台后腿二柱一木连升，直上盆架梁头。梁头雕刻一对夸张的龙头，龙头回首相望。正中饰一火轮宝珠，使双龙目有所依，神有所向，整个器物灵动起来。

　　面盆架分三段式装饰结构，分别以透雕、浮雕、朱漆贴金，呈现绚丽华美的效果。

朱金木雕面盆架

清式｜86cm×50cm×126cm

面盆架是放置洗脸盆的架子。这件面盆架，盆座呈椅形，座下设抽斗，斗下设壶门，朱素不雕，清雅朴实。梁柱上设三道朱金木雕，梁顶一条细梁，轻巧精细。梁头开光石榴图案，中间雕和合二仙，梁下饰静物雕板，腰板上施朱金人物浮雕。上下左右角花呈现龙纹和卷草纹装饰，整体效果绚丽奢华。

值得注意的是，座下朱色素净，座上繁雕褥饰，形成对比，在视觉上有冲击力。对比结构和装饰是匠师刻意安排，也是传统匠师在朱金家具中常见的表现手法。

朱金木雕面盆架　清式 ｜ 91cm×46cm×129cm

　　由于部分朱金家具是从女方带到男方的嫁妆，为追求体面，经常会有装饰性超越功能性的实物案例。这种重装饰、轻功能的造物虽以艺术品的面貌出现，但功能仍然不可忽略，只是把功能放在次要位置。

　　这件面盆架架下设二斗，斗下二门柜体构造，如同床头柜一般。盆架上有六道透雕和浮雕结构，分别雕刻人物和花卉图案，是清式朱金家具典型的木雕装饰，柱外不见顶天立地的边饰，整体显得富丽堂皇。

朱漆火盆架　明式｜腹径 35cm　高 46cm

　　铜火盆凹放在火盆架台面上，平底的铜火盆内炭灰填底，燃烧炭取暖，是大户人家冬日的暖源。密封房间是不能烧炭的，在传统木结构建筑里，隔墙的木栓与模条间有通风洞口，不致炭火烧光房内氧气。

　　面盆架下一圈束腰，溜腔下五腿、四个壶门，脚档起阳线，脚底一圈托泥，使火盆架具有威仪之感。

　　火盆架整体素作，榫卯结构拼接线可见，形圆线曲，简约优雅，有典型的明式朱金家具特征。

朱金圆腿火盆架

明式 | 腹径 36cm　高 58cm

　　火盆架双股五拼台面，台下一圈圆弧起
凸弓撑，圆腿落地，五出六方风轮撑档，充
满动感。火盆架圆形圆框圆档，风轮圆转，
整体圆润。试想盆上炭火炎炎，或围炉品茗，
或燃香，或夜话，冬日里暖和如春，其乐融融。

　　火盆架架面朱漆斑驳，木色苍苍，朱砂
色泽转深，非三百年不能变，应是清早期制
作的明式木作。

朱金三弯腿火盆架　清式 | 腹径 53cm　高 68cm

束腰溜腔，壶门上首一对卷草纹饰，五腿先外放再内收，落地时又外放，故称三弯腿。这样做木作难度高，但匠师不惜工本追求盆架的变化和动感。

火盆架落地托泥既是美的呈现，也能满足人们围炉时搁脚的实用需要。

朱金木雕火盆架　清式 | 腹径 55cm　高 66cm

火盆架台面下一圈束腰，腰箍中开了长长的细眼，眼圈起阳线，使腰线细腻且空灵。束腰与溜腔间一圈过渡的菱形束线，强化了腰间的视觉美感。值得强调的是这件火盆架的壶门，透雕卷草和拐子龙纹结构，作为主要装饰。

朱金木雕酒埕架　明式 | 腹径 52cm　高 87cm

　　酒埕架，顾名思义是置放酒埕的架子。从酒埕架的鼓腹可以看到内置酒埕的形态。酒埕为什么要有个架子呢？因为江南十里红妆中有送酒的礼俗，结婚仪式中重要的酒需要有仪式感强的器具呈现。酒埕架四条架杆呈自然形四足，架首上牙角透雕花，杆档起线，线条优雅，朱金相间，繁素有度，呈现喜庆吉祥的艺术效果。

朱金木雕花盆架　明式 | 腹径 36cm　高 74cm

　　花盆架是置放花盆的架子。这件盆架由四根视觉上富有弹性的内起线三弯腿形成主体，腿上首伸出架台，自然外放形成卷草藤蔓纹，线条优雅，蔓芽在分口线中伸出，似有动感。四腿落地，通过十字撑档外卷成包珠卷草，落地球仍完好未腐。

朱金木雕火盆架　明式 | 腹径 56cm　高 56cm

　　火盆架中间设立主轴，上下有可以转动的三交六出活撑，使面盆架可转折收合，易于搬动。火盆架由内向外包栱六个弯腿，腿顶出头一木连做，雕刻六只狮子，腿轴之间雕宝相花图案，花叶卷曲夸张，线条优美，并施以矿物质颜料，形色俱佳。

朱金木雕火盆架　明式 | 腹径 53cm　高 66cm

　　火盆架常见束腰、溜腔、弯腿结构，而这件盆架架面五拼圆形，框底一条垂线呼应六条直立方腿，方腿两边起阳线，线间起弧面，使圆形盆架与圆形腿相合，六条腿间五道壶门，透雕卷草藤蔓纹，施以金箔，有点睛之功。盆架撑档三交六出，显得很坚实。

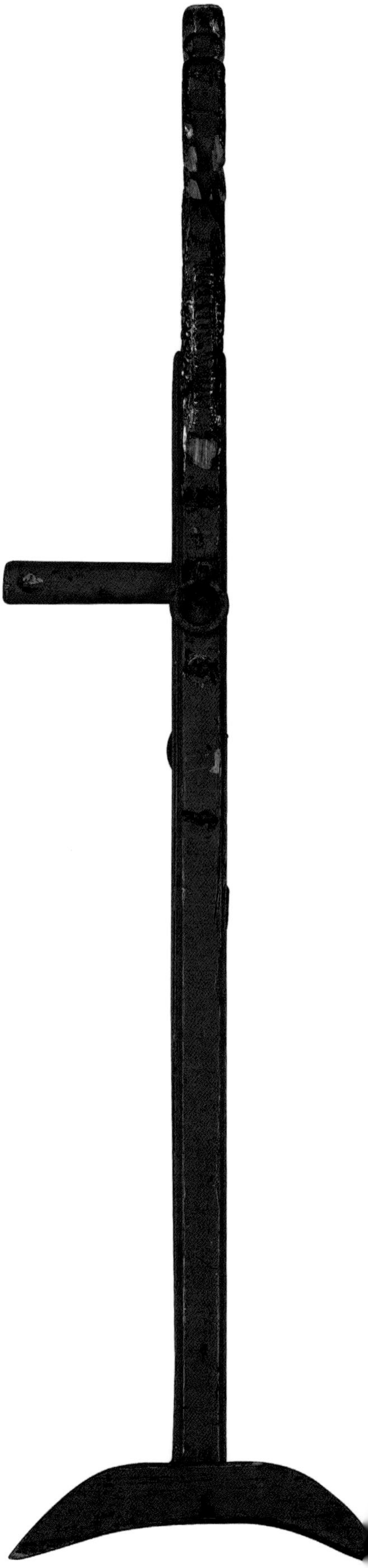

朱金木雕龙纹铜锣架　明式 | 11cm×4cm×77cm

　　古代结婚或丰收庆典等民俗活动时必有锣鼓助乐，这是一件架头刻整龙的铜锣架。

　　铜锣架以架杆、架头、架支、架柄、绳环和锣钩组成。架杆是铜锣架的主体，因为锣要开道，乐手走在队伍前面，故架头的雕龙是主要装饰。龙首昂起，龙身呈S形，祥云相伴，活灵活现。架支有个弧形撑，可撑在打锣人肚子上，架柄由左手把握，绳环上扎根绳子，另一头套在打锣人脖子上。锣钩上挂着两面一厚一薄的铜锣，厚薄不同，打击声音不同。打锣人右手打击铜锣，边走边打，或者边舞边打。

朱金铜镜梳妆台　清式｜19cm×12cm×31cm

　　铜镜是汉唐贵族才能使用的高贵物品，以锡青铜精铸，需要精细打磨，至宋代逐渐粗制，元、明、清铜镜铜质差，式样俗，镜面也不见清亮。

　　晚清时期，欧洲人在琉璃后面涂上水银，成为玻璃镜，清透逼真，但由于当年玻璃镜昂贵，故仅有小面积的玻璃镜传入中国，直到20世纪初玻璃镜才流行开来。

　　这面清代铜镜架在朱金木雕镜架上，仅是陈设需要，为求古制而成为房内摆件。

朱金木雕梳妆台　清式 ｜ 49cm×49cm×46cm

　　梳妆台也称镜台，四柱结构，柱头上雕刻四只狮子，也称望柱。镜架九开光，架首两角翘起，雕刻祥云蝙蝠图，中间雕一轮红日。架下设一抽斗，可以存放梳妆用具等物。梳妆台四面雕刻朱金吉祥花卉，喜庆且绚烂。

朱金木雕梳妆台　清式｜ 28cm×36cm×35cm

　　在清代，梳妆台既无汉唐铜镜，亦未必有西洋玻璃镜，仪式重于实用。镜台装点内房，是房里主要的艺术陈设之一。抽斗倒是仍然实用，存放梳子、脂粉、口红等梳妆物件。

　　这件梳妆台镜架开光浮雕人物，架首镶嵌绿色琉璃，台下设三只抽斗，抽斗面上设蝙蝠铜饰和拉手，铜饰是镜台的重要装饰之一。

朱金木雕梳妆台　清式 ｜ 38cm×48cm×52cm

　　梳妆台台下一大二小抽斗，大抽斗面刻一对飞凤，斗上蝠纹围栏，四腿出头，前柱头上刻两只小狮子。台下两侧透雕冰梅纹饰，朱金相映成趣，满是喜色。

　　台上屏式结构，可以支撑且调节角度。屏面是飞凤翅檐的亭台结构，屋瓦重檐，梁柱雀替皆备。柱上一联"岂止闺英施粉黛，还宜学士整衣冠"，额上书"春宫"二字。屏中间浮雕锦鸡、喜鹊，还有笼里笼外的兔子、柱头上的狮子，代表多子多福的美好愿望，象征喜庆吉祥。

朱金木雕缠足架　清式｜50cm×52cm×59cm

　　缠足架是古代女子缠足时使用的器具。缠足何必要用这样复杂的架子呢？其实它只是大户人家嫁女时炫耀的礼器，小脚是隐私，当然不能示人，便以缠足架替代，暗示千金小姐的高贵。

　　这件缠足架圆形架面，面上梁柱结构，中间一条为俗称"冬瓜梁"的横架，上梁两头一对落地凤凰，牙角上透雕如意和瓜果纹饰。缠足架整体结构严谨，有威仪感。

朱金木雕梳妆台　清式 | 50cm×56cm×74cm

　　梳妆台台面独板，呈曲边圆形，台下有一方形抽斗，拉出抽斗，斗下仍有一暗箱。独
板底盘，四角透雕朱金卷草角花。台面上见一镜座，故定为梳妆台。

　　台面以上呈屏风式，中间开光人物和合二仙。和合二仙人物雕板上下左右开光，透雕
花卉，屏上檐起檐刻双狮戏珠。梳妆台整体木雕灵巧，主题明确，装饰富丽堂皇，是一件难
得的朱金器具。

朱金高足缠足架 清式 | 44cm×44cm×101cm

　　此缠足架为落地高架，一柱独立，三足放开架于地面。架面虽小，器物高自然见体量，抽斗面朱素不雕，铜拉手画龙点睛。

　　主要装饰有上、中、下三组如意卷草牙角透雕，上下一致，不繁不乱，视觉上一气呵成。

　　高足缠脚架亭亭玉立，木雕纹饰简约流畅，是一件少见的朱金器物。

朱金木雕缠足架　清式 | 31cm×33cm×62cm

　　缠足架架台独板，曲边圆形与圆形的底盘相呼应。台下设一抽斗，抽下有一暗箱。架台上二柱，柱梁两头起翘雕和合二仙。值得一提的是，二柱间有一转轴，转轴一层有摇手把，轴上两个对穿的洞孔，据说是卷缠足布专用的；但也有另一种说法，称这类架子为"棉线架"，是纺线用的。不过多数人认为这是缠足架。

朱金木雕缠足架 清式 | 35cm×35cm×60cm

　　这件缠足架上梁两头雕刻一对龙头，龙头面目向外，与衣架及面盆架上常见的相对而设的龙头不同。缠足时女子的小脚放在缠足架架台上，包裹或拆解缠足布，但实在不必雕龙刻凤，因此其作为强调仪式感的礼俗器物的意义大于实际功用，这在朱金家具和嫁妆器物中很普遍。

朱金木雕缠足架　清式 | 36cm×36cm×68cm

　　缠足架架台独木朱素，台上两柱顶端雕一对望柱双狮，此设计常见于村口牌坊柱头上。柱间设转轴，轴上仍见缠足布的棉质青色毛边。可以理解为轴上缠卷的是棉线结成并染过色的布。台面下是抽斗，四面浮雕博古静物。狮面、狮足雕刻，成了缠足架的主要装饰，使架体具有威严之感。足下托泥，一板连做，中间透雕半阴半阳的线条格子，架子落地稳重。

朱金木雕油灯架 明式 | 16cm×15cm×29cm

    油灯也叫青油灯，是以植物油为燃料、以灯芯草吸油点火的照明灯具。燃灯时，灯芯会烧掉，便见火点渐小，需要不断挑灯。灯芯燃烧过后便会有灰掉落，由灯盘接住，需定期清理。事实上，古代灯火照明的范围很小，只能照亮一两人读书，围坐时也仅隐约能见在座之人的面目。

    油灯架灯杆挺拔，一木连做，直接插入盘体，一对兰花包住灯杆，灯盘由拼木圆作，两道黄铜箍扎束，盘内仍见油污。灯杆上端雕一朵玉兰花，花上一只小鸟数刀成形，简约生动。灯杯已失，铜质杯架仍在。

    从油灯造型的线形和木雕装饰特征以及器物表面古朴的质感看，这是明式朱金木雕器物。

朱金木雕油灯架　明式 | 18cm×18cm×34cm

　　这件油灯架有油灯杯及挑灯棒，是一组完整的油灯组合。灯杆下端一木连做，直接插入灯盘，盘檐一束贴金卷草装饰，灯杆上端也是一木连做，委角方形透雕麒麟送子图，寓意子孙延绵。

　　灯杆中间设一桶制灯杯匜，油灯杯置于匜内。南方有些地区灯与丁同音，丁即男丁，灯也是嫁妆里的礼俗器具，或陶或木或铜，结婚时在女方送往男方的嫁妆中，总会有灯，用以讨彩。

朱金油灯架 清式 | 19cm×19cm×36cm

　　油灯架灯杆三弯转曲，通体朱漆素饰，注重形体的视觉效果。油灯架由桶作、雕作、铜作合作完成，而这件灯架，省略了雕作，或许是普通人家为了节约而设计，或是为了呈现简约之美而为之。

六、桶·盘·
其他

朱金提桶 明式 | 腹径 28cm 高 27cm

　　朱金家具上的朱漆绝大多数都是在胎上先髹深色漆层，再髹薄薄的一层朱砂漆，然后贴金。而这件原产于浙江绍兴的提桶先在木胎上披麻刮灰，再在麻灰底上髹朱漆。在朱漆的斑驳中可以见到麻灰痕迹，这在朱金家具和器物中都比较少见。

　　明式家具中的装饰，无论木雕还是绘画，都有几个共同特点：一是构图对称，四平八稳；二是程式化写意呈现；三是简约粗放。这件提桶提手柱上的花卉和手把上的木雕梅雀印证了这三点特征。

朱金和合提桶　清式｜26cm×17cm×29cm

　　提桶是江南人家嫁女时必备的嫁妆，桶内装满花生、黄豆、瓜子等五色种子，祈求婚后早生贵子。富家大户的提桶集雕刻、贴金、铜饰等装饰于一体，婚后成为内房中精美的摆设，普通人家也会有素漆提桶。

　　这件提桶桶体呈长方八角形，桶口下鼓腹，提手上两头雕一对龙首，龙口含把手，把手下透雕和合二仙人物，把手上又见两只松鼠，装饰奢华。

朱金凤凰提桶　清式 | 腹径 28cm　高 42cm

　　提桶鼓腹，束腰，提手柱与桶体一木连做。提梁和提把上雕刻凤凰牡丹图，凤首和牡丹透雕，凤尾随提手向上浮雕，巧妙地把功能与雕饰融于一体。造型上下比例协调，虚实相间，既有饱满协调的桶体，又有精致空灵的提把。

朱金和合提桶　清式 | 31cm×26cm×35cm

　　提桶是圆木作制作，圆木作也称桶作，即由有弧度的木板拼接的木作。提桶呈椭圆形，两道扁铜箍箍成，一道铜锁，提手雕双龙含把，中间透雕和合二仙。

朱金双狮提桶　清式｜腹径27cm　高31cm

　　东阳木雕是我国主要的传统木雕之一，这件提桶原产于东阳。提桶扁形，盖呈凸面，盖面上浅雕花鸟图案。与桶体圆作一木连做的桶圆柱挺拔直上，柱头上雕一对双目相望的公母狮子。提梁上透雕一对松鼠，提手起凸呈如意造型，有开花结果，喜庆吉祥，早生贵子的寓意。

杭州篮 清式 | 腹径 32cm 高 43cm

　　竹编的杭州篮有两种，一种是竹丝斜编成的，有空透网眼，称"夏篮"；另一种是竹丝直编成的，密不透风，称"冬篮"。夏篮与冬篮形状一样，同工而作。夏篮用于夏日盛饭菜，通风透气；冬篮则用于冬天盛饭菜，可以保温。

　　杭州篮篮体与盖头用白藤编扎收口，上下里外，底盖各半，止口相合，篮底一圈竹刻束足，盖顶一圈藤围开光，中间有竹编福字。用两根天然白藤分别扎在篮口两头，形成高弧形的提手。篮体的圆形是实体，提手的圆形是虚的，一虚一实，形成对比，造型上就有了美感。

朱漆福禄纹杭州篮　清式｜腹径 34cm　高 35cm

　　台州民间称这类篮子为"杭州篮"，明明是桶状物件，是圆木作的造物，却叫篮。为尊重民间的称呼，在此也称杭州篮。

　　这件提篮提手用两条顶端相交的四头白藤插入篮腹部，相交处用铜丝扎紧，成了夸张而轻巧的提手。提手下有个虚的圆形，篮体是上下相合的圆球形，形成上下虚实两个圆形，相呼相和。

　　篮盖上浅刻蝙蝠、鹿、桃子，意为福禄寿。

朱漆暗八仙纹杭州篮　清式｜腹径 36cm　高 46cm

　　杭州篮呈八边八角形体，独板挖制的篮盖上有两道线纹的梯形开光，开光中浅雕暗八仙图案。暗八仙是八仙手里的法器，分别是芭蕉扇、渔鼓、花篮、葫芦、阴阳板、宝剑、笛子、荷花。篮子中间设八角竹节边线开光，八角阳起线条，内浅刻荷花、盒子、蝙蝠，有和和合合，幸福美满的寓意。篮盖满工雕饰，线条细巧，繁而不乱。篮体素漆不饰，与盖子形成繁素对比。

朱漆福纹杭州篮　清式｜腹径 33cm　高 45cm

　　篮盖五道弦纹，盖顶阳刻福字，朱地黑字，成为篮的主题。整盖一木连做，篮体圆木拼接，篮身弦纹装饰，设红黑二色，红为喜色，用于喜庆礼俗；黑为祭祀，兼具祭祖之用。

　　这类提篮以素软的两条白藤做提手，富有弹性的白藤弧线形成虚的形体，一阴一阳，两相呼应。

朱漆寿纹圆甩桶　清式 | 腹径 18cm　高 33cm

　　圆甩桶是宁波民间的叫法，圆木作制作提桶木胎，髹漆匠最后完成。圆甩桶的桶甩由小杉木整棵圆木制成。冬天，匠人上山砍伐上下大小差不多的小杉木，先把小杉木以木芯为中心削成均匀形状，然后趁小杉木仍是"活血"状态，弯曲成桶甩的造型，用绳子按造型固定形状，最后放在廊檐下自然干燥，第二年夏天过后才能成型。桶甩一头插入桶底一木连做，与圆木板以竹销固定，再在每块圆木板上粘上黄鱼胶黏接成桶体。

　　提桶盖上由生漆调瓦灰堆塑成阳线寿字纹，桶甩与桶体两头堆塑如意纹，作为桶的主要装饰。有趣的是，这类提桶盖子两头开口，紧扣在桶甩上，由于桶甩向内收束，自然扣住，上盖时要先放一头落口，再推入另一头，开盖亦如此。

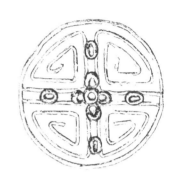

朱金花卉提桶 清式 | 腹径 19cm 高 38cm

  圆木作是专门从事圆形木桶类木器的匠作，民间俗称箍桶匠。大木作做建筑梁架结构，小木作做门窗和家具，船木作打造木船。做水车的不会做犁，造船的不会建屋，虽然都是木作，却都有分工。

  圆木作先把桶料锯成弯料，待干燥后按比例大小刨成拼板，根据圆弧刨成拼接的角度，转孔打销，用鱼胶拼成圆桶，再在里面用弧刨刨成圆桶，然后在桶外造型，最后打铜箍固定。提桶上下内收，腹部外放，线条流畅，形制饱满圆润。提把手上凸成如意形态，灵动而柔和，把手上浅雕散花，描金点染，贵气顿生。

朱金龙纹提桶　清式｜腹径 22cm　高 32cm

　　提桶由桶体、盖子、梁承和可以转动的如意形龙首纹提梁组成，朱地上图案处先涂银粉，再在银地上罩清漆，然后勾画黑漆线条。以银代金，银漆上清漆后自然出现类金色的效果，但没有黄金那么闪亮。

　　这件提桶通体描绘龙纹、花卉、蝴蝶等图案，形体收放自然，线条流畅，虚实相间，圆润可爱。

朱金木雕竹节瓜棱提桶

清式 ｜ 腹径 21cm　高 33cm

　　提桶桶身呈瓜棱造型，拼木时，接缝不会也不能在瓜棱的凹线上，因为凹线上的板很薄，而要在凸出的棱背上连接，只有凸出的板厚，拼接时粘接面积大才行。瓜棱造型形似南瓜，这在台州地区的桶或盘中很常见。

　　这件提桶的提梁仿竹根雕刻，根结苍老，节节可见，桶身和盖子上直接用金漆画上花卉，朱金闪耀，显得十分华贵。

朱金甩倒提桶　清式｜腹径 21cm　高 33cm

　　这件提桶小巧，桶腹与底足上可见两道桶箍，由于铜锈覆盖了朱砂漆，略见斑驳。

　　在收藏过程中，特别要求朱金家具品相完好，而桶类器物的板缝开裂、铜箍锈迹都会影响品相。

　　这件桶盖上浅雕福字，提桶转轴处下肥而上瘦，直接延伸成弧线把手，把手两头又呼应承柱，形成饱满的形体。提手上端刻竹节纹，使提桶有了个性。

朱金龙头桶　清式｜腹径 22cm　高 34cm

　　桶体、承柱和提梁把手向内包容，使桶体形成统一的饱和弧线。

　　一对相向而饰的木雕龙首金光闪闪，成为提桶抢眼的主要装饰。桶体朱地里由黑漆画出神秘的卷草如意纹图案，朱色与黑色古朴而庄严。

朱金福纹提桶 清式 | 腹径 36cm 高 38cm

　　浙东是青瓷的发源地，唐宋时期，青瓷作为生活用器得到广泛应用，民间缸窑制器延续至今。瓷器以轮转拉坯成型的圆器为主，局部手塑。桶类造器也是圆器箍紧固定才能成器。同为圆器，青瓷和缸窑的器型也影响了桶作造物。虽然陶瓷以土为料，桶以木为料，却亦能见形制相仿之物。

　　这件提桶形态肥壮，圆桶上可见桶下方形虚空，是匠师有意的设计。铜箍嵌在切槽的桶体里，用漆灰填平打磨后髹朱漆，桶体干干净净。提桶的把手在承柱中可以转动，增添了器物的趣味性，提梁浮雕龙纹、福纹并贴金。

朱金沥碗桶　清式｜腹径 50cm　高 19cm

　　沥碗桶外形敞口，鼓腹，收足，如同玉兰花花瓣，两道铜条箍古朴典雅。桶内檐口一圈浅刻卷草纹，桶盖便是盆底，也是沥碗处，水渍通过透雕沥水口流入桶内。桶盖的装饰成了沥碗桶的主题，盖芯优美的团寿纹线条在透雕的虚线上呈现，金色花卉如星星般闪亮。寿纹阳线上还见一条流畅纤细的复线，复线漆金，流金溢朱。团寿纹外侧又见一圈浅刻的"福在眼前"纹饰，过渡到碗桶敞口，使整个沥碗桶正面满工而且奢华。

朱金沥碗桶　清式｜腹径 50cm　高 16cm

　　沥，本意是液体一滴一滴落下来。古时用茶碗而不用茶杯，洗净后的茶碗仍残留水分，便放在桶盖上沥碗。桶里盛水，桶盖分两块板面，可以开启。

　　沥碗桶盖上敞口，檐口上浅浮雕一圈精细的福纹缠枝花卉纹，桶盖外圈素面髹朱漆，中间透雕一朵盛开的花卉，两组四条写意龙纹格子，形成沥水口。沥碗桶外三道扁铜箍，既有紧箍桶体的结构功能，又有装饰作用。新铜箍时，铜色金亮，桶檐口和盖芯贴金，金辉相映。

朱金帽式茶壶桶（对）　　清式 | 腹径 25cm　高 31cm　×2

　　转轴承柱与桶体一木连做并落脚，二头外放，形成类似古时官帽或僧帽的形式，故名官帽桶或僧帽桶。茶壶桶把手呈半圆，左右及上端刻竹节纹饰，桶体与桶盖吻合成桶嘴，是茶壶嘴的出口处。桶内装陶或瓷或铜质茶壶，壶外用棉花或用羽绒保温。茶壶桶成对传世亦属难得。

朱金屏式侍茶桶　清式 | 42cm×26cm×36cm

　　旧时女子有相夫教子的责任，有相敬如宾的礼教约束，大户人家的嫁妆中多有侍茶桶。它也称茶洗，是内房中冲泡茶叶和侍茶的茶器。这件屏式侍茶桶三面高板成屏，屏面三处开光，刻和合二仙和鹿、鹤图案，桶盖上隔成里外两段，各饰六个花卉透雕沥水口，一条压盖扁梁，锁住桶盖。左右两只耳朵，是捧握侍茶桶的把手。这类侍茶桶并不多见。

朱漆官帽式茶壶桶

清式｜28cm×26cm×32cm

　　官帽式茶壶桶两头翘起，如同古时官帽的两边帽翅，故名官帽桶。茶壶桶用于置放茶壶，茶壶嘴露在桶口外，便于倒茶水。

　　这件茶壶桶提梁压住桶盖，能使茶壶扣在桶里，提梁上有个暗锁，可以左右旋转，转开后整个提梁往帽翘头下的梁眼上移动，另一头梁眼便可取出提梁。

朱金八角龙纹茶壶桶　清式｜30cm×38cm×32cm

　　该件茶壶桶呈弧边八角形，每边一块整板，开缝在角上。前板与壶嘴、提梁柱，后板与提梁柱都是一木连做，壶盖跟进壶体也是八边八角形，饰三道弦纹。梁柱头浅刻一对如意纹，提梁刻写意双龙戏珠纹饰，提手呈半月形。八角龙纹茶壶桶以木制成，木质干燥后会收缩，接缝处会开裂，而茶水涨开木质，干湿间会很快毁了茶桶，故这件茶壶桶实际并不作茶桶使用。

朱漆八角滴子茶叶桶

清式 | 腹径 22cm　高 22cm

茶叶桶呈八边八角形，鼓腹线上下基本对半，腹中一道铜箍。上体连盖，盖顶有一个木雕瓜棱滴子，滴子既是装饰又有开盖提手的实用功能。茶叶桶下半部桶身对应盖子，底足内缩，桶体轻巧精致。

朱金木雕莲纹讨奶桶

清式 | 16cm × 14cm × 18cm

　　现代人有奶粉,可以用热水冲泡来替代母乳。古时待产媳妇家的婆婆,要打听谁家有哺乳期妇女,提前去送礼"讨"奶,让新生儿渡过出生后母亲前两天尚没有奶水的难关。这件讨奶桶桶盖整雕一朵盛开的花卉,花蕊为滴,构图大胆且巧妙。

朱金木雕讨奶桶　清式 | 19cm×16cm×21cm

　　新媳妇家的讨奶桶要体面，父母便会在女子的嫁妆中准备，请箍桶匠和雕刻匠精制讨奶桶，使其成为富家大户嫁妆中不可少的物件。

　　这件讨奶桶提把连桶，把手内收，与鼓腹的桶体形成优美的曲线。桶盖上浅刻书卷和棋盘，巧妙地把花蕊雕成滴子。

朱金木雕双狮讨奶桶 清式 | 腹径 12cm 高 15cm

　　讨奶桶以木料整挖出桶体和把手，把手上端刻福纹，桶盖上浅刻双狮戏球，一狮昂首前追，一狮回首相望，彩带舞动，绣球灵动，朱地金狮，热闹非凡。结婚生子当然是福，喜庆吉祥。讨奶桶没有桶嘴，只有桶盖扣在提把扣眼上，看上去破了桶盖雕刻的整体画面，却也有另一种特色。虽然桶体由木料整挖，但也有两道铜箍装饰，使桶体不会开缝。

朱金木雕盖桶 清式 | 腹径 36cm 高 24cm

　　盖桶宽檐鼓边，显得平扁而夸张，桶腹上一条鼓起的铜箍与宽檐相衬，桶足内收，也是一圈扁铜条箍足。桶盖正中雕一立狮为滴子，外见三圈不同图案，分别是八仙中的四仙道具、锦鸡美鹿、花卉瓜果。有朱砂底，内有青金石粉底和黛粉色料底，呈现五彩斑斓之美。

朱金滴子桶　清式 ｜ 腹径 23cm　高 23cm

　　桶盖有琉璃滴子，故定名为滴子桶，其实这类样式各异的桶统称果子桶。果子桶是江南地区嫁女时的嫁妆，一般需要五件，桶内放五谷种子，一是讨彩祈福，希望新人早生贵子；二是体现农耕文明中对种子的崇拜。

　　滴子桶桶盖浮雕琴棋书画等百宝图案，浅地金饰，底足上一圈透雕花卉纹饰，绚丽华贵。

朱金滴子桶 清式 | 腹径 24cm 高 24cm

　　盖顶端的琉璃滴子是清晚期从欧洲进口而来的，因为从广州入境，当年匠人称其为"广玉"。

　　滴子下一组菊花瓣铜饰，桶口、桶腹及桶足三道扁铜箍，两边垂耳铜环，铜饰成为滴子桶的重要装饰之一。桶盖上内外设三道不同弦纹，分别是拉不断纹饰、弧面朱素和卷草纹、光素朱漆和浅地阴刻，三种不同形式的纹饰出现在同一个盖子上，展现了不同的艺术表现手法，呈现了不同的视觉效果。

朱金滴子桶（对）　清式｜腹径 23cm　高 23cm　×2

　　古代不容民间藏铜，官府控制铜钱发行，怕百姓私铸钱币，民间用铜则可毁钱取铜，因此民间用铜多，官府获利多。因为铜色金黄，与朱红相配，特别绚丽，铜饰成为朱金家具重要的装饰手段之一。

　　滴子桶鼓腹收足，底足上一圈如意纹浮雕金饰，桶盖上几道弦纹，几道素红，显得朱色绚烂。

朱金滴子饭桶 清式 | 腹径 24cm 高 26cm

　　江南地区主食米饭，常见各式各样的饭桶。饭桶敞口，鼓盖，束腹，盖子上梯阶式弦纹与三道铜箍对应，仅在两头刻一对杨梅提把，繁素对比，整器素雅且朱色瑰丽。

朱漆沐浴桶 清式 | 108cm×72cm×21cm

　　沐浴桶呈椭圆形，宽檐厚板，承接人体重量，桶头一条横档，是为座凳。沐浴桶铜箍嵌入桶板里，朱漆鲜丽。这是桶中的特大物件。

朱漆浴汤提桶 清式 | 38cm×32cm×39cm

　　浴汤提桶是为将水从烧水房提到内房，倒在沐浴桶里而作，为了保温，有盖。该件浴汤桶呈椭圆形，提梁内收，提梁与提把归一，浅刻竹根纹饰，整体清雅耐看。

朱金木雕浴汤提桶

清式 | 腹径 11cm 高 22cm

　　该件浴汤提桶的提梁柱上收，提梁雕双龙戏珠，提手上刻缠枝花卉纹。沐浴桶小巧玲珑，是闺房或内房女子沐浴时提水用的水桶。由于是嫁妆，也因为工匠要显示自己的技艺，都会精工细作，使其成为精美的工艺美术品。

朱金瓜棱桶

清式 | 腹径 26cm　高 26cm

　　南瓜是江南常见的作物，南瓜子是江南人过年或喜庆日子必备的茶点。瓜棱桶半是拼板，半是雕刻，瓜棱桶身，瓜蒂盖子，整体便是一个写意的南瓜。

朱金六角桶

清式 | 腹径 22cm 高 26cm

  八角桶鼓腹处应有铜丝束或铜箍，匠师为了美观把铜箍埋入桶体板料里，髹漆匠填平凹槽，漆上朱漆，这种做法称暗箍。八角桶收口，小盖，盖上立一狮子，成为起盖的滴子。

朱漆瓜棱桶 明式 | 腹径 20cm 高 22cm

  直身，馒头盖，桶身为瓜棱状，桶口、桶足都由铜箍收口。铜箍的金黄已经被岁月染成古铜色，却在朱色中呈现了古朴典雅之美。

  瓜棱桶形体简约，装饰元素也极简，以体现线条之美。形制稳定端庄，结合铜饰线条和结构，有明式风格。

朱漆侍茶桶 清式 | 43cm×29cm×38cm

　　侍茶桶呈椭圆形，三围高屏，屏板侧顶线条流畅，屏围正面和背面圆弧曲线柔美，尤其是后背，屏腰内收，宽臀外翘，不得不惊叹桶作匠师造物高妙。

　　屏前正中扇形雕刻一仙鹤，桶盖里边镂二眼钱纹出水口，档板透雕缠枝花卉，与金色的仙鹤透雕应和。两侧提把在桶身与侧屏之间，上下、轻重、虚实恰到好处。

朱地勾漆描金八角帽盒　清式｜腹径 22cm　高 26cm

　　帽盒单层，盒盖平顶，勾漆描金行旅图，图中山林树木隐隐约约，一行人物
主仆分明。盖肩上八边开光分别描绘神兽图，神兽奇异且生动。盒子止口上下八
方开光，描绘十六幅程式化的花卉图案，极具装饰性。圈底足上也绘勾漆描金画，
使整个盒子朱金闪烁，绚烂缤纷。

朱地勾漆描金八角帽盒

清式 | 腹径 32cm 高 41cm

　　帽盒分上下二层，楠木薄胎，双面髹漆，呈八边八角形。盒体分盒底、中层和盖子三部分，底足开委角窗，使整个盒子空灵起来。帽盒八角平盖上勾漆描金人物图案，盖肩上八方开光绘八吉祥图案。盒身八边八角，每边的盒底、中层和盒盖画面通景，勾漆描金人物。

　　这件帽盒应是富家女子存放珠帽、头钗等贵重物品的宝盒。

竹编漆器八角和盒　清式｜腹径 27cm　高 28cm

　　和盒是嫁妆中常见的器物，和盒底盖相合，盒内盛放"和气食"。结婚仪式后，盒子里的糕点要分享给男方亲朋好友，吃过新妇娘家带来的食物，意为两家已成亲友，当和气相待。

　　八角和盒以竹编为主体，盒盖顶面上披麻刮灰髹黑漆，描绘人物图。八角及口檐、底足四周饰八方开光，上下四周横隔形成主要几何装饰。底足设八段壶门，托泥落地。竹编上髹朱漆，朱色、黑色和金色相间，喜庆而不失庄严。

八角双喜盒　清式｜腹径 21cm　高 29cm

　　八角双喜盒上下两部分分别用整块木料挖制而成，八边八角，盖顶上刻双喜，朱地金字，盖檐边刻如意织锦纹图案。盖下盒口上线刻两圈拉不断纹饰，施金箔，金光闪烁。盒体造型呼应盒盖，开光八方金框素黑图案，底足外放，刻一圈如意纹。盒内分五格，是待客时放点心用的器物。

朱金狮足沐浴桶

清式 | 腹径 85cm　高 46cm

　　沐浴桶是旧时女子的浴缸。这件狮
足沐浴桶宽口厚檐，可以坐人。桶大可
以盘腿，五足足以承重。束腰用宽条铜
箍，腰上、腰下雕五头狮面，五足刻狮
脚，沐浴桶壶门上刻一对草龙，为双龙
戏球。从整体看，沐浴桶盛水部分朱素
不饰，桶底束腰下承托部分雕刻丰富，
龙凤呈祥，如同大型礼器一般。

　　试想这件沐浴桶被抬在嫁妆队伍
中的情景，其他配套嫁妆的奢华程度
也可以想见。

朱金木雕沐浴桶 清式 | 腹径 51cm 高 40cm

　　沐浴桶宽檐，束腰，溜臀，狮面，弯腿，兽足抓球。

　　沐浴桶上半部分由箍桶作和铜作完成，下部分先由小木作完成榫卯结构、基本形体，由雕作完成雕刻部分，再由小木作组装成器，漆作进行披麻糅漆贴金。朱金家具是多匠作合作的产物，匠门跨作间有合作的经验，也需要互相沟通、设计程序、分工施艺。

多角朱漆描金盘　清式 | 直径 32cm　高 9cm

　　果盘虽然是髹漆实用器，用于盛水果、花生、瓜子等点心，形制上却丰富多样，从桶作到绘画，无不极尽技艺。

　　这件十一角盘是由十块木料箍成，每块木料的檐口起弧线，形成起起伏伏的盘口。盘底呈十瓣花卉图案，开光内一圈花蝶图。中间朱地勾漆描金绘《三国演义》人物图，人物布局饱满严谨，神态生动。

长方八角朱漆描金盘

清式 | 32cm × 23cm × 8cm

　　果盘绘画以盘底开光构图，题材有人物、花鸟、虫草、景物等。人物画中有戏剧人物，也有居家生活情景。果盘以朱地勾漆描金绘制，先在打磨平整且已鬃漆完成的朱地上用毛笔蘸上淡墨勾勒出图画的线条，待淡墨线条干后，再用生漆重复在墨线上勾漆。生漆线条干后，在需要贴金的画面上涂上桐油，桐油尚未干透时贴上金箔或涂上金粉。

　　这件长方八角描金盘高脚浅底，盘底绘教子图，人物线条流畅，透视准确，神态生动。

多角朱漆描金盘

清式｜直径 26cm　高 8cm

在朱漆地上勾漆要有腕力、掌力，气脉贯通方能一气呵成，可以看到这件描金盘上气若游丝的漆线，如泥鳅背一样是立体凸出的硬线，这在当时也是绝活，并非所有匠人都能画好。因此，在民间看到的更多是勾漆技艺不尽如人意的普品，那就无法成为朱金器具的优秀代表作。

桶匠把这件果盘做成了一朵盛开的花卉，而画匠又在果盘里极尽技艺，在勾勒漆线人物图时描上真金，使盘子成为一件工艺美术精品。

朱漆描金盘 清式 │ 直径27cm 高7cm

　　制作多角器时，桶作需要手工雕刻出棱角和凹凸形态来；而圆器相对简单，桶匠有专门的圆刨，可随意刨出各种弦纹弧线。这件果盘底上绘《三国演义》人物图，画面小中见大，人物神态生动。

八角朱漆描金盘 · 清式 ｜ 直径 29cm　高 9cm

　　果盘底部开光，檐边有边饰，使盘心主体更加突出。果盘人物脸上的颜料是由水银、石粉和生漆调成的泥银，容易氧化导致颜色变深，但清理氧化层时仍能见到泥银面上的眉目。盘底对角设八只如意纹底足，使盘子的造型灵动起来。

八角朱漆描金盘　清式 | 直径 28cm　高 7cm

　　从朱金家具中可以看到，喜庆吉祥的色彩、热烈奔放的气氛是朱金器物的主要追求。生漆勾线要求线条流畅，粗细有度，或春蚕吐丝，或钉头鼠尾，或硬如铁立，或柔如流水。

　　果盘朱红底漆，勾漆描金，鲜红色和金色争辉，喜庆吉祥之气顿生。

彩绘人物盘（对）　清式 | 直径 42cm　高 6cm　×2

　　绘画使果盘超越了本身的功能而成为一件精美的艺术品。瑰丽的色调，生动活泼和自由奔放的风格，使其成为绘画艺术的一部分。

　　这对果盘，圆形，平底无边，外髹黑漆，中间开光，委角方形和海棠花形。盘子金地起线，线条如春蚕吐丝，人物、景物透视准确，神态个性鲜明，不失为清代中期画工精湛的佳作。

朱漆彩绘盘（对）　清式 | 直径 32cm　高 7cm　×2

多数果盘以朱地勾漆描金绘画，也有粉色五彩绘画，这件却以黑漆为底，淡朱勾线，红绿染色，泥银漆面，在圆形器盘上六方开光。黑底彩绘罕见，但也是另一种漆画工艺的代表作。从盘芯绘画中可见，线条细腻流畅，人物衣衫淡红浅绿，不喧不闹，典雅可爱。尤见人物角色，生、旦、净、末、丑，个性分明。仅知人物是戏剧人物中的才子佳人，难以判定其出处。

八角朱漆描金盘　清式 | 直径 34cm　高 8cm

　　朱砂漆要求突出朱砂的美色，但朱砂要依靠生漆和桐油固化成朱砂漆面。在生漆品质、桐油纯度以及朱砂纯度没有具体标准的古代，把握生漆、桐油和朱砂色料中的水分含量，以及漆料和色料的成分，要靠匠师经验。依照匠师们的说法，朱砂漆的调配随季节、天气变换，调制方法会有不同。

　　人物画在朱砂漆地上不浮不躁，朱漆于深沉中见绚丽，描金在闪亮中见沉稳。这件描金盘人物线条清晰，描金完好无损，虽经历百年，仍如新品，可见主人收藏、保管得很好。

朱漆描金盘（对）　清式 | 36cm×26cm×8cm×2

　　果盘出地时应该是成双或以四只、六只、八只为一套，可惜后来富家大户的家财分散，果盘也拆散落单，故成双成套的实物代表作很难得。

　　这对果盘呈长方八边八角形，金檐，深底，有精细的主题描绘、用心勾勒的边饰。底板外圈勾漆描金缠枝花卉图，中间绘人物图，人物形象生动活泼，栩栩如生。

朱漆描金盘　清式 | 直径 34cm　高 9cm

　　朱金家具以线条立画，线条的简约流畅、转折的法度决定了技艺水平。线条高度概括了画艺形态，概括了人物的神情和画面的韵味。优秀的匠师运用笔端让线条或细若游丝，或转曲行云，或为佳人脸庞，或成俊士英姿，人物骨架尽在线条中构建。

　　这件果盘以圆盘成型，而漆作也是一般朱地，画匠决定了果盘的品位，画面细腻而生动。

朱金木雕五果盘

清式 | 直径 22cm　高 28cm

　　果盘呈八边八角，也称八角盘，整块楠木挖出三足五仓。八边浮雕开光花卉图案，五仓沿口设浅雕花卉和拉不断阳线，细腻精致，朱地金边，形成绚烂华贵之美。

八角朱漆描金盘　清式｜直径 38cm　高 8cm

　　朱金家具中的绘画多是提示女子修身养性以及三从四德的传统题材，也有浪漫的爱情故事。浪漫的情爱画面，对婚后的女子有性教育的意味。

　　这件八角盘由八块木板箍成盘体，一块木板作为底板，共九块板料。边线缝角简约，檐口和盘底各箍一道铜丝箍。绘画线条柔和细腻，男子脚大，女子脚细，故意形成对比，使观赏者更加关注三寸金莲。

八角朱漆描金盘　清式 | 直径 32cm　高 9cm

　　朱漆底子上勾漆完成后要贴金，金箔用纯金打制，薄如蝉翼。在勾线的图案里贴金箔，是勾漆描金果盘重要的填色工艺。匠师需要先确定哪些部位要上金色，然后再分部位贴金或描金粉。贴金后的表面是纯金色，而描金部分因为是金箔研粉后调了桐油描上去的，颜色与贴金略显不同，也成就了金分二色的绘画效果。

　　这样果盘上一深一浅的金色展现出不同的视觉效果。

朱漆牛皮帽盒　清式｜腹径 41cm　高 41cm

　　帽子旧时称顶冠，官帽或凤冠是皇帝分配或赏赐的，是神圣而庄严的桂冠，要小心安放于精美的盒子中。平顶的朱漆牛皮帽盒，也称官帽盒。明清时期为官者按不同级别有不同的官帽，便有专门存放官帽的盒子。尖顶的朱漆牛皮盒，也称头花盒，是古代女子卸妆后存放珠帽、头花的容器。

　　牛皮从取皮到成为一块做箱盒的熟皮需要经过复杂的工艺程序。牛皮箱盒的缝制是皮匠作专工，裁剪、加温定形和缝制后，再由漆匠髹漆。

竹编发篓（2种）

清式 |（左）20cm×7cm×19cm
　　　（右）20cm×6cm×16cm

　　古时认为女子梳落的头发是父母的精血，不能随地乱扔，要藏在发篓里，待发篓装满落发时集中土埋。这样一来，生活中就少不了盛放头发的器具。这件竹编竹刻发篓以三层图案套编而成。挂承上刻三层楼阁，篓身用竹丝扣成扇形开光，饰一对寿桃。古时女子以梳头为养生之法，寿桃自然象征延年益寿。

朱金木雕头梳盒

清式 | 22cm×9cm×23cm

　　头梳盒是浙东民间的叫法，头梳即梳子，头梳盒顾名思义是盛放梳子的盒子。头梳盒是壁挂式，分上下两部分，承挂透雕人字形如意云头纹，朱地饰金。盒子呈书卷状，浅地浮雕芝兰图案。吉祥如意。芝兰之心是居家女子的心愿。

烙铁、熨斗

女红是传统女子必修的功课。刺绣、裁缝、纺纱、织布等，丝、棉、麻上的针线都是女子的营生。熨斗由朱红漆的木把柄和铜火斗组成，炭火放在铜斗上，加热斗底，用斗底熨平布料或衣裤。三角熨斗也称烙铁，是在炭火里加热后用以施熨。

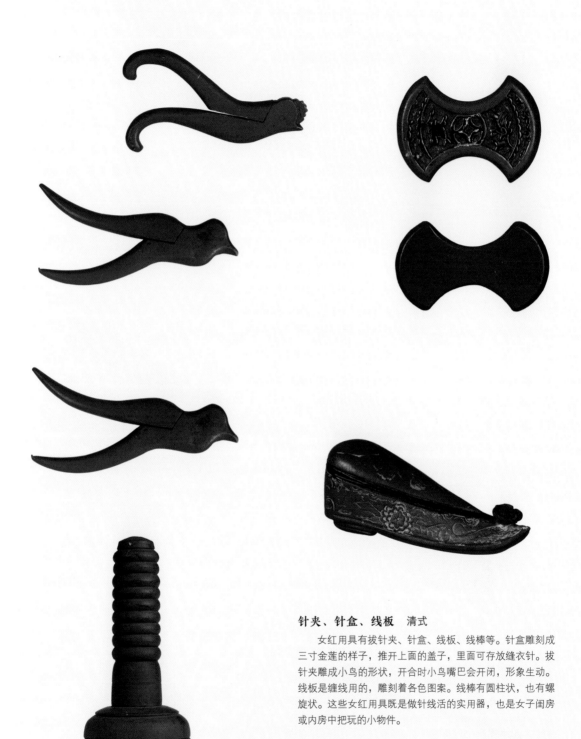

针夹、针盒、线板　清式

　　女红用具有拨针夹、针盒、线板、线棒等。针盒雕刻成三寸金莲的样子，推开上面的盖子，里面可存放缝衣针。拨针夹雕成小鸟的形状，开合时小鸟嘴巴会开闭，形象生动。线板是缠线用的，雕刻着各色图案。线棒有圆柱状，也有螺旋状。这些女红用具既是做针线活的实用器，也是女子闺房或内房中把玩的小物件。

木雕捣衣棒槌　清式 ｜ 48cm×8cm×4cm

　　棒槌是捣衣的工具，由手柄和槌体组成，槌背上通体浅雕卷草纹饰，槌体微见起翘弧度，显得灵动。棒槌即使是劳动的工具，也精工细作，极为精巧。

朱地描金棒槌　清式 ｜ 52cm×9cm×4cm

　　棒槌通体朱漆，槌柄握手头上为八棱形，握手圆浑，槌头微微翘起。剑背状的棒背上勾漆描金刘海戏金蟾，刘海在上，金蟾在下，由一根长长的钓线连接，画面由上而下，窄长的槌背上构图恰到好处。

木雕麻压二品　清式 | 8cm×8cm×11cm×2

　　麻压用于压麻丝，以便用来搓线。麻压体上有个桃形孔洞，是用来盛水的，搓线时需用水使麻丝柔软。麻压的功能比较简单，但其装饰性才是匠师用心制作的主要追求。

　　这两件麻压分别雕刻狮子和松鼠，狮子有喜庆吉祥的寓意，松鼠象征早生贵子。麻压呈六边六角，每边开光浅雕花卉图案。

"燕喜"房匾 清式 | 52cm×19cm×5cm

燕喜匾是内房匾。旧时江南春天，燕子南归，堂前檐下，成对辛勤筑巢、生子，因而燕子被民间比作恩爱的夫妻。结婚是人生大喜之事，即为燕喜。

房匾呈书卷展开状，卷头上浅雕卷草纹饰，青金石粉底漆面上阴刻"燕喜"二字，笔画内填砂漆金，又名金砂漆字。

后记

朱砂漆面，黄金贴饰，铜银配件，银光为镜，红彤彤，金闪闪，绚烂瑰丽的居家生活用器，只有江南地区的朱金家具了。

雕刻成器，绘画成物，百态人物、山水景物、花鸟博古，集民俗祈愿，聚文明教化，起居生活的内房陈设和实用物件，只有朱金家具。

红妆嫁囡，锣鼓开道，花轿居中，抬的抬、挑的挑，带着父母的厚爱、女儿的梦想，承载着汉民族的结婚礼俗，从娘家到夫家，浩浩荡荡，一路彰显喜庆，只有十里红妆中的朱金家具了。

木作、雕作、画作、铜作，榫卯结构，精雕细琢，勾线染饰，铸铜镀银，集手作装饰之大能，载千工之汗水，集民族造物之精华，也只有精工细作的朱金家具了。

我为十里红妆而倾情，收集、整理朱金家具资料四十余年，从几千件朱金家具中寻找典型代表作，才有十里红妆博物馆和江南民间艺术馆，才有《十里红妆女儿梦》和《江南明清内房家具绘画》等作品。如今的《江南明清朱金家具珍赏录》一书，集近十年论述评注，洋洋十几万字，洒洒二百多件实物图例，终于脱稿。

春花烂漫，东园鸟语声声，器聚物散，寒暑笔耕，不觉岁月已经过去数十载。今成一书，叙述系统，虽存欣慰，然念及家园往后，曾经的梦想流逝，不胜慨叹，但亦感恩盛世，感谢知友，坦坦然迎接未来。

感谢田家青先生为本书作序、马未都老师撰写腰封文字、田青老师题写书名。

是为后记。

图书在版编目（ＣＩＰ）数据

江南明清朱金家具珍赏录 / 何晓道著 . -- 杭州 ：
浙江人民美术出版社，2024. 11. -- ISBN 978-7-5751
-0288-9

Ⅰ．TS666.204.8

中国国家版本馆 CIP 数据核字第 2024HF6690 号

责任编辑　徐寒冰
责任校对　钱偎依
封面设计　何俊浩
摄　　影　陆引潮　何其远　何其清　王任涛
责任印制　陈柏荣

江南明清朱金家具珍赏录

何晓道　著

出版发行　浙江人民美术出版社
　　　　　（杭州市环城北路 177 号）
经　　销　全国各地新华书店
制　　版　杭州舒卷文化创意有限公司
印　　刷　浙江海虹彩色印务有限公司
版　　次　2024 年 11 月第 1 版
印　　次　2024 年 11 月第 1 次印刷
开　　本　787mm×1092mm　1/16
印　　张　24
字　　数　300 千字
书　　号　ISBN　978-7-5751-0288-9
定　　价　288.00 元